프 로 에   가 까 워 지 는

소스의 기술

Tout sur les sauces de la cuisine française

프 렌 치 요 리   소 스 의   모 든   것

응용은 기초가 없으면 안 된다

프렌치요리의 대명사인 소스는 30년 동안 「요리의 주역」에서 「재료의 맛을 살리는 역할」로 많은 변화가 있었다. 만드는 방법뿐만 아니라 소스 자체가 변한 것이다. 내가 처음 요리에 입문하였을 당시는 루를 이용해 만드는 베샤멜 소스와 데미글라스 소스의 전성기였다. 이후 재료 자체의 맛을 살리고 무거운 요리를 멀리하는 「누벨퀴진 nouvelle cuisine」 시대가 되면서 육수와 줄레를 베이스로 한 소스가 주류를 이루게 되었고, 지금은 더 가볍고 심플한 것을 추구한다.

이런 변화를 지켜보며 드는 생각은, 이런 일들이 우연히 일어난 것은 아니라는 것이다. 재료의 질이 좋아질수록 그 맛을 살리려는 것은 당연한 일이다. 「소스는 시대를 반영한다」는 사실을 이해할 필요가 있다.

지금 요리는 매우 빠른 속도로 다양화되어, 젊은 세대들이 무엇이 기본이고 무엇이 새로운 것인지 알 수 없게 되었다. 원래 「소스는 이런 것이다」라고 정해진 것이 없고, 실제로 프랑스 셰프들이 일본의 식재료도 사용하고 있다. 이것도 재료의 세계화라는 시대 배경을 생각한다면 필연적인 것이지만, 응용도 기초가 없으면 안 된다는 사실을 잊지 말아야 한다. 이 책에서는 에피타이저부터 디저트까지 기초적인 소스를 광범위하게 다루고 있으며, 셰프로서 알아야 할 클래식 소스도 다루고 있다. 급변하는 시대 속에서 이 책이 도움이 된다면 매우 행복할 것이다.

셰프 가미카키모토 마사루[上柿元 勝]

축하의 메시지

처음 프랑스를 방문했을 때 보는 것, 접하는 것이 모두 일본과 너무 달라서 놀라움의 연속이었다. 그럼에도 어떻게든 본고장에서 진짜 프렌치요리를 배우겠다고 애쓰던 나를 도와준 사람들이 스승과 동료들이다. 클래식 요리에서 누벨 퀴진으로 변화하던 시대에, 프렌치요리에서 소스는 무엇인가를 가르쳐준 스승과 함께 공부한 친구들이 있어 지금의 내가 있다고 확신한다.

위 고(故) 알랭 샤펠(Alain Chapel)과 함께(1986년)
오른쪽 픽(Pic) 주방에서. 사진 가운데가 고(故) 자크 픽(Jack Pic)(1980년)

가미카키모토 마사루는 예전부터 잘 알고 지내는 사이이다.
고급 와인과 맛있는 음식에 대한 열정으로 만날 때마다 나에게 큰 기쁨을 주는 셰프이다. 우리는 2년 동안 세계적으로 유명한 미오네mionnay의 레스토랑 「알랭 샤펠」에서 함께 근무하였다. 우리 모두 미식의 전당에서 경력을 쌓고 싶어하던 젊은 셰프들이었다. 그 시절 동료로 함께 일했을 뿐만 아니라 이후 30년이 지난 지금도 우정을 쌓아가고 있다.
성공한 셰프이면서 다양한 스타일의 요리 지식을 갖춘 가미카키모토. 내가 경의를 표하고 친구로서 자랑스럽게 여기는 것은 그가 신사이기 때문이다.
경애하는 마음으로.

르 가브로슈Le gavroche의 미셸 루Michel Roux

일본과 프랑스라는 국경을 초월하여 우리 가족과 우정을 이어온 당신과 아버지가 함께해온 세월을 떠올려본다. 일본과 프랑스 두 문화는 항상 완벽을 추구하며 그에 걸맞는 존경할만한 지혜와 기술을 가진다는 점에서 서로 동경하고 있다고 생각한다.

라 메종 픽^{LA MAISON PIC}의 안느 소피 픽^{Anne-Sophie Pic}

나에게 있어 가미카키모토는 셰프 이상의 존재이다.

우정이 깊어지면서 꼭 곁에 두고 싶은 진정한 친구가 되었다. 그는 우선 전통을 중시하며, 그것을 새롭고 훌륭하게 바꾸는 사람이다. 나에게 있어 가미카키모토는 일본의 프렌치요리를 상징하는 존재이다. 사람으로서뿐만 아니라 요리에서도 발전하고 완벽해지려는 노력을 쉬지 않고 계속하고 있기 때문이다.

그는 스텝이 최고의 힘을 발휘할 수 있고, 힘을 내도록 도와주는 사람이다. 호텔에서도 레스토랑의 일은 친절함, 미소, 서비스, 정중한 대접이라는 글로벌한 경험을 손님에게 제공하는 것이다. 물론 「미식 체험」도 소홀히 하면 안 되겠지만, 동시에 스텝들이 하나가 되어 자신감을 갖고 그 곳의 느낌이나 분위기까지 모든 것을 만족할 수 있게 제공해야 한다. 그 마음을 손님에게 그리고 젊은 스텝에게 전달하는 가미카키모토에게 마음으로부터 깊은 감사를 전한다.

라 피라미드^{La Pyramide}의 파트리크 앙리루^{Patrick Henriroux}

가미카키모토, 새로운 책 출간을 축하해요!

당신은 일본요리와 프렌치요리의 노하우를 접목시킬 줄 아는 사람이다. 우리가 만들었던 호텔 유럽의 시식회 「가스트로노미^{gastronomie} (식도락) 1주일」은 훌륭한 추억으로 나에게 남아 있다. 우정을 담아서.

레스토랑 질^{Restaurant Gill}의 질 투르나드르^{Gilles Tournadre}

고베의 「알랭 샤펠」에서 1년 반 동안 함께 일하던 때를 회상하며 본『소스의 기술』. 이 책은 요리의 베이스가 되는 소스와 쥐를 다룬 책으로, 가미카키모토가 고(故) 알랭 샤펠에게서 배운 기술과 지식을 모두 담은 책이라고 확신한다.

알랭 샤펠ALAIN CHAPEL의 필리프 주스Philippe Jousse

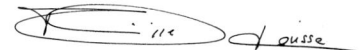

친애하는 가미카키모토.

훌륭한 소스책에 찬사를 보낸다. 이 책은 젊은 셰프들에게는 길잡이가 되고, 이미 경험을 한 세대들에게는 안심이 되는 한 권의 책이 될 것이다.

마음 깊이 우정을 담아 미식의 지방 알자스에서.

르 세르Le Cerf의 미셸 위세르Michel Husser

가미에게.

위대한 장인(匠人)이자 셰프이자 소중한 친구.

알랭 샤펠에서 2년간 함께 즐거운 시간을 보냈고 그것은 지금도 계속되고 있다.

당신은 항상 최고를 추구하는 셰프이다.

젊은 셰프들에게 위대한 영감을 줄 당신의 새로운 책에 칭찬의 「브라보」를 보낸다.

친애하는 마음을 담아서.

데카르멜리트De Karmeliet의 헤르트 반 헤케Geert Van Hecke

나의 친구이자 형제인 마사루에게.

이번 소스책의 출간을 마음 깊이 축하한다.

소스란 요리를 완성하는 「디저트 위의 앵두(모든 것을 바꿀 만큼 중요한 부분)」 같은 것이 아닐까?

일본의 프렌치요리를 이끌어가는 최고의 셰프에게 경의를 표한다.

레스토랑 앙드레 바르세RESTAURANT ANDRÉ BARCET의 앙드레 바르세André Barcet

친애하는 가미에게.

우리들의 만남은 1980년 알랭 샤펠에서 함께 일할 때로 거슬러 올라간다. 이 만남이 우정으로 발전하여 당신은 모나코, 니스의 네그레스코, 메랑다까지 빠짐없이 나를 찾아와주었다. 매우 감사하게 생각한다.

당신이 프렌치요리의 소스에 바치는 이 훌륭한 책이 크게 성공하길 진심으로 바란다.

친애하는 마음을 담아.

라 메랑다^{La Mérenda}의 도미니크 르 스탕크^{Dominique Le Stanc}

알랭 샤펠에서 여러 해를 함께 보내며 나는 당신의 인품이나 훌륭한 셰프로서의 지성을 존경하고 사랑한다. 당신이 이렇게 훌륭한 책을 출간한 것에 대해 마음으로부터 자랑스럽게 생각한다.

르 비바레^{Le Vivarais}의 로베르 뒤포^{Robert Duffaud}

우선 소스책 발간을 진심으로 축하한다.

당신과 몇 년을 함께 지내면서 정통 요리기법과 새로운 기법에 대해 정보를 나누었던 것은 더할 나위 없는 기쁨이다. 그리고 결과적으로 이 책에서 맛있는 소스를 만들어 소스를 훌륭하게 주역으로 승화시키고 있다. 셰프들 모두가 프로 셰프에게 있어 소스를 만드는 것은 예술인 동시에 자신에게 진짜 요리에 재능이 있는지를 확인하는 시험대라고 알고 있다.

내가 칭찬하고 존경해 마지않는 당신의 이 책을 프로 셰프들뿐만 아니라 일반인도 널리 읽었으면 하는 바람이다.

레스토랑 다니엘^{Restaurant Daniel}의 장 프랑수아 브뤼엘^{Jean François Bruel}

CONTENTS

퐁 과 쥐

소스

요 리

일 러 두 기

■ 이 책에서 다루고 있는 소스류는 완성 후의 양을 기준으로 퐁은 10ℓ, 소스는 300㏄, 디저트 소스는 400㏄이다(일부 제외). 완성된 양은 부피로 표시하였다.

■ 퐁과 쥐(p.28~81)에서는 액체 상태 외에도 식었을 때 액체 속 젤라틴 성분 때문에 굳어진 상태도 실었다(사진 오른쪽은 액체, 왼쪽은 굳은 후의 상태).

■ 소스(p.98~299)에서는 원래 상태 외에 접시에 담은 모양도 실었다(사진 오른쪽은 소스, 왼쪽은 접시에 담은 상태).

■ 소스류의 재료나 분량, 가열시간 등은 어디까지나 기준이다. 준비한 양, 사용한 재료, 주방환경에 따라 맛이나 상태가 달라진다. 필요한 양이나 기호에 따라 맛을 조절한다.

■ 버터는 무염버터를 사용한다.

■ E.V. 올리브오일은 엑스트라버진 올리브오일을 말한다.

■ 소금, 후추, 버터, 유지류는 분량을 정하지 않고 조금, 적당량 등으로 표시하였다. 취향에 따라 조절한다.

■ 이 책에서는 일부 조리용어를 프랑스어로 사용하고 있다. 프랑스어 조리용어는 p.16~17의 〈용어해설〉을 참고한다. 또한, 채소(미르푸아) 써는 방법의 용어는 p.23을 참고한다.

■ 우리말로 번역된 소스이름은 p.300~303의 〈소스 한글이름〉을 참고한다.

LES USTENSILES
POUR LA PRÉPARATION DES SAUCES
소스 만들기에 필요한 도구

냄비
장시간 끓이는 퐁이나 쥐에는 사진처럼 구리로
된 속이 깊은 냄비를 사용한다. 특히 구리냄비는
열전도율이 좋고 뭉근하게 달궈져서 재료가 가
진 맛을 충분히 뽑아낸다. 닭을 통째로 가열할 경
우에는 크기가 큰 마르미트(marmite, 금속 또는
도자기의 큰 요리 냄비)를 사용한다.

소스팬
주로 소퇴즈(sauteuse)라고 하는데, 바닥에서
위로 갈수록 폭이 넓어지는 편수 냄비를 말한다.
소테용이지만 나무주걱이나 거품기를 사용하기
좋아 소스팬으로도 알맞다. 역시 열전도율이 좋
은 구리재질이 가장 좋다. 크기별로 준비하여 만
드는 양에 맞춰 사용한다.

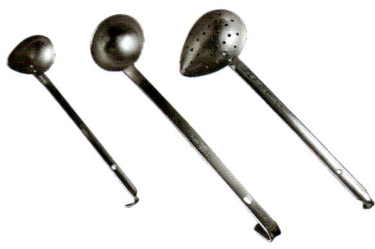

레이들
국자. 프랑스어로는 루슈(louche)이며, 퐁이나
소스를 뜨거나 섞을 때, 거품을 걷을 때 사용한
다. 냄비 크기에 맞춰 다양한 크기를 준비한다.
사진에서 오른쪽의 구멍이 있는 것은 에퀴무아르
(écumoire)라고 하며 거품을 걷을 때 사용한다.

시누아
금속의 원뿔모양 체를 말한다. 사진에서 오른쪽
은 얇은 금속판에 가는 구멍이 있고, 가운데는 망
으로 되어 있다. 쥐와 같이 2개의 여과기를 겹쳐
서 사용할 경우, 굵기가 다른 것을 겹쳐서 사용
한다. 사진에서 왼쪽은 차거름망으로, 작은 양을
거를 때 사용한다.

나무주걱
냄비 속 재료를 섞거나, 고기나 미르푸아를 구운 후 냄비에 액체를 붓고 데글라세할 때 사용한다. 냄비 크기에 맞춰 다양한 크기를 준비한다. 프랑스어로 스파튈 앙 부아(spatule en bois)라고 한다.

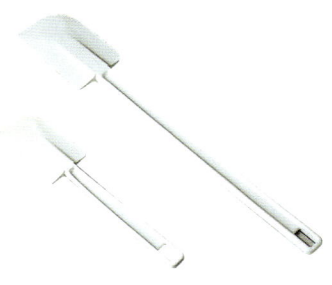

고무주걱
탄력성이 있어 볼이나 믹서에 남은 액체 등을 남김없이 긁어낼 때 사용한다. 뵈르 콩포제(beurre composé, 혼합 버터)나 디저트용 소스 등 부드러운 것을 섞을 때도 좋다. 실리콘 재질도 있고, 최근에는 내열 가공한 제품도 있다. 프랑스어로 마리스(maryse).

거품기
비네거와 기름을 유화하거나, 홀랜다이즈 소스처럼 휘핑을 많이 하여 거품을 내는 등, 소스를 만들 때 꼭 필요한 도구이다. 특히, 버터로 몽테할 때는 냄비와 거품기 크기를 맞추는 것이 매우 중요하다. 제대로 잘 섞이는지가 부드러움을 좌우한다. 프랑스어로 푸에(fouet).

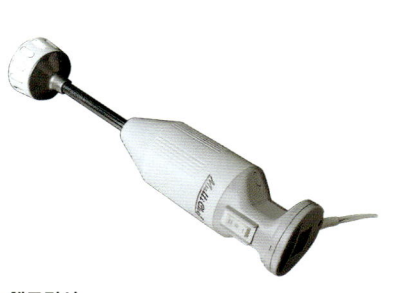

핸드믹서
소스를 카푸치노처럼 거품을 낼 때 사용한다. 거품을 내면 식감이 부드러워져서 농후한 소스도 먹기 좋아진다. 또한, 점도가 높거나 잘 섞이지 않는 것을 강제적으로 유화시켜주기 때문에 여분의 기름기가 제거되는 장점도 있다.

사이펀
용기에 액체를 넣고 가스(아산화질소)를 주입하면 무스 형태로 나오는 휘핑기. 특유의 부드러운 촉감이 있으며 요리에 임팩트를 준다. 이 책에서도 p.290~291의 소스에서 사용한다. 무스 형태를 만들기 위해서는 액체에 유지방이나 젤라틴 등을 넣어 점성이 있어야 한다.

가스트리크 【gastrique】 설탕에 비네거나 레몬즙을 넣고 캐러멜 상태로 졸인 것.

그라니테 【granité】 당도가 낮은 얼음과자. 셔벗.

그라티네 【gratiner】 그라탱을 만든다. 표면을 윗불로 노릇하게 굽는다.

그리예 【griller】 석쇠에 굽는다.

글라스 【glace】 젤리 상태로 졸인 육수 또는 아이스크림.

나주 【nage】 쿠르부용에 생선과 갑각류를 넣고 삶아서 그 국물을 소스로 만들어 함께 서빙하는 요리.

데 【dé】 주사위모양 썰기.

데그레세 【dégraisser】 여분의 기름을 제거하는 것.

데글라사주 【déglaçage】 데글라세하는 것. 또는 데글라세하여 얻은 액체.

데글라세 【déglacer】 고기나 생선을 구운 다음 구운 냄비에 액체를 부어, 냄비에 눌어붙어 있는 육즙을 녹이는 것.

로티르 【rôtir】 고깃덩어리를 오븐에 굽는 것.

루 【roux】 버터에 볶은 밀가루. 소스를 걸쭉하게 만들 때 사용한다.

레뒤숑 【réduction】 졸이기 또는 졸인 것.

리에 【lier】 소스의 농도를 조절하거나 걸쭉하게 만드는 것.

리졸레 【rissoler】 재료를 노릇하게 굽는 것.

마리네 【mariner】 알코올이나 비네거 등의 액체나 미르푸아, 향신료 등으로 절이는 것. 영어로는 마리네이드 (marenade).

몽테 【monter】 소스를 만들 때 마지막에 버터 등을 넣고 섞어 농도를 맞추고 풍미와 윤기를 주는 것.

무스 【mousse】 거품. 달걀흰자 등을 이용해 거품을 낸 요리 또는 과자.

미뇨네트 【mignonnette】 통후추를 굵게 부순 것.

미르푸아 【mirepoix】 양파, 당근, 셀러리 등의 향미채소. 또는 그것을 잘게 다진 것.

미조테 【mijoter】 아주 약한불로 뭉근히 끓인다.

바푀르 【vapeur】 찐다.

뵈르 【beurre】 버터.

뵈르 마니에 【beurre manié】 밀가루를 섞어 넣은 버터.

부야베스 【bouillabaisse】 프로방스지방의 생선 수프.

부케가르니 【bouquet garni】 파슬리 줄기, 타임, 월계수잎 등의 허브를 묶은 다발.

브레제 【braiser】 물을 조금만 넣고 찌듯이 익힌다.

브뤼누아즈 【brunoise】 2~3mm 정도의 주사위모양 썰기.

블랑시르 【blanchir】 재료를 미리 데치는 것. 또는 달걀노른자와 설탕을 하얗게 될 때까지 섞는 것.

비네그레트【vinaigrette】드레싱.

살미【salmis】지비에(야생조류)를 살짝 구워서 조린 요리. 또는 살미 소스를 사용한 요리.

샹피뇽 드 파리【champignon de paris】양송이. 샹피뇽은 버섯을 통틀어 가리키는 말이다.

소테【sauter】기름에 재빨리 볶는다.

쇼송【chausson】속을 채운 반달모양의 파이.

시누아【chinois】원뿔모양의 거르는 기구. 영어로는 차이나 캡(china cap).

쉬에【suer】땀을 내듯이 재료의 수분이 밖으로 배어 나오게 가열하는 것.

쉬크【suc】냄비에 눌어붙은 고기나 채소의 육즙.

시로【sirop】시럽.

시즐레【ciseler】일정하게 매우 잘게 다지는 것.

아로제【arroser】고기를 구울 때 구우면서 나오는 육즙이나 기름을 끼얹어서 고기가 마르지 않게 하는 것.

아셰【hacher】잘게 다지기.

아파레유【appareil】요리에 필요한 여러 가지 재료를 미리 손질하여 섞은 것 또는 반죽.

앙퓌제【infuser】끓여서 풍미를 우려낸다.

에맹세【émincé】얇게 썰기.

오드비【eau-de-vie】과일 등으로 만든 증류주. 브랜디.

줄레【gelée】젤리 또는 젤리 상태로 굳은 것.

쥘리엔【julienne】채썰기.

지비에【gibier】야생 조류나 짐승을 통틀어 이르는 말.

카라멜리제【caraméliser】캐러멜색 또는 캐러멜 상태로 만드는 것.

카르티에【quartier】4등분하는 것. 빗모양 썰기.

카트르에피스【quatre-épices】후추, 넛멕, 정향, 생강 등의 혼합 향신료.

코라유【corail】갑각류의 내장 부분.

콩소메【consommé】퐁 블랑이나 부용에 감칠맛을 더한 맑은 수프.

콩카세【concasser】굵게 다지는 것.

콩포트【compote】과일 시럽조림.

콩피【confit】온도가 별로 높지 않은 기름으로 조린 것. 낮은 온도의 오븐에서 천천히 익힌 것.

콩피튀르【confiture】잼.

쿨리【coulis】채소나 과일을 거른 즙. 또는 묽은 퓌레.

크넬【quenelle】다진 재료에 달걀 등을 넣어 반죽한 것으로 모양을 만들어 삶은 것.

클라리피에【clarifier】액체를 맑게 하는 것.「뵈르 클라리피에」는 정제 버터.

타미【tamis】고운체.

파르스【farce】고기나 생선, 채소 등에 다진 속을 채워 넣은 것.

파세【passer】거르다. 여과하다.

파테【pâté】고기를 다져서 달걀 등으로 반죽하여 구운 것.

포셰【pocher】액체에 재료를 넣고 끓기 직전의 온도를 유지하며 익히는 것.

푀이타주【feuilletage】접기형 파이 반죽.

푸알레【poêler】고기나 생선살을 프라이팬에 굽는 것.

퓌레【purée】페이스트 상태의 것.

프뤼이루주【fruit rouge】베리류 등의 붉은 과일. 프뤼이는 과일을 말한다.

프리카세【fricassée】블루테 등의 화이트소스로 만드는 닭고기나 송아지 조림.

플랑베【flamber】알코올을 뿌리고 불을 붙여 알코올 성분을 날리는 것.

필레【filet】생선에서 발라낸 살. 또는 고기의 안심 부분.

Tout sur les sauces de la cuisine française

FONDS ET JUS

퐁과 쥐

알기 쉽게 말해서, 퐁 fond 은 고기와 생선을 넣어 끓인 다시
(맛국물)이고, 쥐 jus 는 재료가 가진 수분으로 여기서는 가열
하여 얻은 육즙이다. 부드러운 감칠맛의 퐁을 소스로 만들
려면 몇 가지 공정을 거쳐야 하지만, 재료의 특성이 그대로
드러나는 쥐는 졸이거나 다른 액체에 섞기만 해도 소스가
된다. 즉, 쥐가 더 소스에 가깝다는 차이점이 있는데, 두 가
지 모두 소스의 중요한 베이스가 된다는 사실은 변함없다.
소스를 본격적으로 알아보기 전에 먼저 소스의 기본이 되는
퐁과 쥐에 대해 알아보자.

퐁과 쥐의 기본 지식

Connaissances basiques des fonds et des jus

■ 퐁 Fond
소스와 수프의 기본이 되는 「육수」

퐁과 쥐 모두 「육수」로 번역하는 경우가 많은데, 본래의 의미는 다르다. 퐁은 직역하면
「육수국물」이다. 퐁 드 보 fond de veau나 퓌메 드 푸아송 fumet de poisson (퓌메는 퐁과 거의 비슷한
말)처럼 재료를 미르푸아(향미채소)와 같이 끓여서 감칠맛을 뽑은 것이다(부용과 퐁은 비슷하
지만, 부용의 용도는 대부분 수프이지 소스로 사용하는 경우가 없다는 점에서 구분하여 사용한다).

퐁이 소스의 베이스로 빠지지 않을 만큼 중요하지만, 일본에서의 역사는 30년 정도로 그
리 길지 않다. 이전까지는 소스의 베이스라고 하면 역시 에스파뇰 espagnole 소스나 데미글라
스 demi-glace 소스였다. 내가 요리를 처음 시작했을 때도 도시의 레스토랑에서는 이런 소스
가 대부분이고, 퐁을 만드는 것은 일부 호텔로 한정되어 있었다. 그러던 것이 1970~1980
년대가 되면서 에스파뇰이나 데미글라스 소스는 「맛이 완성되어 있어 어떤 소스나 같은 맛
이다」, 「루가 무겁다」라며 멀리하는 추세로 바뀌었다. 당시는 프랑스에서 누벨퀴진 nouvelle
cuisine을 외치던 시대로, 소스는 그 자체가 맛있기보다 다른 재료의 맛을 돋보이게 하는 것
이 중요해졌다. 그래서 나타난 것이 퐁류이다. 특히, 부드럽고 특별한 맛이 없는 퐁 드 보
fond de veau는 데미글라스처럼 진하지 않고 다른 재료의 맛을 해치지 않아 활용도가 높은 「중
용(中庸)의 육수」로 지지를 얻었다. 그러나 퐁도 시대와 함께 변하고 있다. 이유는 여러
가지인데, 예를 들어 유통 상황이 좋아지며 재료의 질도 좋아져서 보다 깔끔한 맛의 퐁을
찾게 되었다. 또, 소규모 레스토랑이 늘어나면서 손이 많이 가고 비용이 많이 드는 퐁을
준비하기 어려우므로 좀 더 활용도가 높은 퐁이 필요해졌다. 건강을 지향하면서 무거운 느
낌을 줄이려는 경향이며, 한마디로 말할 수 없을 만큼 퐁이 다양화 되고 있다.

오른쪽 차트는 내가 총괄 셰프로 일하는 호텔 레스토랑의 주요 퐁의 종류와 용도를 정리
한 것이다. 여기서 중요한 점은 퐁을 여러 가지 준비하는 것이 아니라, 자신의 요리나 레
스토랑의 규모와 퐁을 만드는 데 드는 수고나 비용이 맞는 것을 찾아서 만드는 것이다. 개
인 레스토랑이라면 종류를 더 줄이고, 그런 만큼 준비하는 퐁은 활용도가 있도록 끓이는
시간을 짧게 하는 등 각자에 맞게 조절하는 것이 좋다. 자신의 환경에 맞는 것을 만들고,
잘 분류하여 사용하는 것이 중요하다.

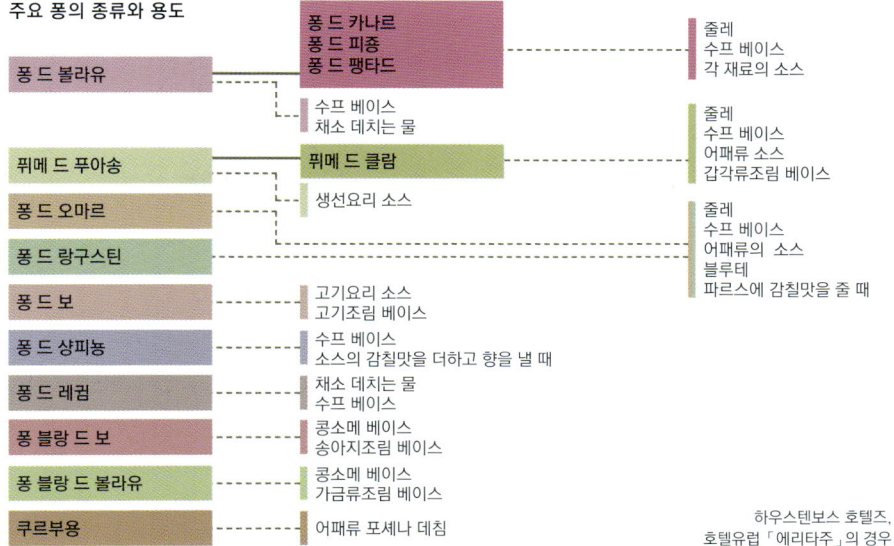

주요 퐁의 종류와 용도

퐁 드 볼라유	퐁 드 카나르 퐁 드 피죵 퐁 드 팽타드	줄레 수프 베이스 각 재료의 소스
	수프 베이스 채소 데치는 물	
퓌메 드 푸아송	퓌메 드 클람	줄레 수프 베이스 어패류 소스 갑각류조림 베이스
퐁 드 오마르	생선요리 소스	
퐁 드 랑구스틴		줄레 수프 베이스 어패류의 소스 블루테 파르스에 감칠맛을 줄 때
퐁 드 보	고기요리 소스 고기조림 베이스	
퐁 드 샹피뇽	수프 베이스 소스의 감칠맛을 더하고 향을 낼 때	
퐁 드 레귐	채소 데치는 물 수프 베이스	
퐁 블랑 드 보	콩소메 베이스 송아지조림 베이스	
퐁 블랑 드 볼라유	콩소메 베이스 가금류조림 베이스	
쿠르부용	어패류 포셰나 데침	

하우스텐보스 호텔즈,
호텔유럽 「에리타주」의 경우

◼ 쥐 Jus
소스에 직접적으로 영향을 주는 풍부한 향의 「육즙」

쥐는 주스 juice, 다시 말해 「재료의 수분」을 의미한다. 과일의 과즙도 쥐이지만 「구운 즙」이라는 의미도 있다. 구운 고기를 칼로 찌르면 나오는 즙이라고 보면 알기 쉽다. 이것을 그대로 또는 버터로 몽테하여 맛있는 소스를 얻을 수 있는데, 레스토랑에서 사용하기에는 부족한 양이다. 그래서 쥐와 비슷하게 육수를 일정량 만들어 준비하며, 이것도 「쥐」라고 부른다. 쥐와 퐁은 재료와 만드는 순서가 비슷하지만, 쥐는 「재료 자체의 풍미에 주목하여 다른 것은 섞지 않고 육즙만 뽑는 것」을 목적으로 한다는 점에서 활용도를 중시하는 퐁과 구분된다. 쥐에서 중요한 것은 재료의 향이나 풍미를 어떻게 효과적으로 뽑느냐이다. 재료의 향은 장시간 가열하면 점점 사라지기 때문에 짧은 시간 끓여야 하며, 쥐의 베이스가 되는 재료의 맛을 해치지 않도록 미르푸아도 적게 넣는 경우가 많다.

재료의 개성이 응축된 쥐는 퐁처럼 여러 요리에 사용하지 않고, 용도가 소스로 한정되어 있다. 그럼에도 불구하고 지금 육수의 주류라고 할 정도로 쥐가 많은 요리에 사용되는 것은 「재료 중심」, 「단순함」, 「가벼움」이 키워드인 시대로 쥐의 섬세함과 매끄러운 식감이 요구되기 때문이다. 오늘날 이렇게 쥐를 많이 사용하는 것은 오히려 필연적이라고 할 수 있다. 구체적인 사용 방법은 p.199의 〈퐁과 쥐 소스(육류)〉에서와 같이 쥐를 베이스로 하여 알코올, 미르푸아, 향신료로 풍미를 더하는 것이 일반적이다. 이 경우 가금류요리에 쥐 드 볼라유를 사용하듯이 재료와 같은 종류의 쥐를 사용하면 양쪽의 풍미를 끌어내기가 쉽다. 또한, p.93과 같이 고기 구운 냄비를 쥐로 데글라세하여 냄비에 붙어 있는 쉬크(눌어붙은 육즙)를 녹여 소스로 만드는 경우도 많다.

퐁과 쥐 만들기

■ 재료를 준비한다

● 고기부산물(뼈, 힘줄, 생선뼈)

특별한 맛이 없고 젤라틴이 풍부한 송아지를 많이 사용한다. 사진은 복숭아뼈.

힘줄도 젤라틴이 풍부하다. 영업용으로 팔고 남은 부스러기 고기도 수시로 사용한다.

퐁과 쥐의 감칠맛을 내는 베이스는 조류나 네발짐승의 뼈와 힘줄(스지) 그리고 생선뼈 부분이다. 닭뼈나 송아지뼈를 퐁 전용으로 준비하거나, 주방에서 영업용 고기나 생선을 해체할 때 나온 뼈를 조금씩 비축해두었다가 사용한다. 어느 경우든 상태가 좋지 않은 것이 섞여 있으면 퐁과 쥐가 탁해져서 사용할 수 없으므로 신선도가 중요하다. 특히 지비에 gibier (야생 조류나 짐승)나 어패류, 갑각류는 냄새가 나기 쉬우므로 하나씩 상태를 확인하고 사용한다. 또한, 핏물이나 불순물도 맛과 투명함에 영향을 주므로 밑손질이 중요하다. 고기부산물은 흐르는 물에 씻고, 생선뼈도 물에 담가서 안쪽의 불순물을 깨끗이 제거한다. 살과 뼈에 있는 감칠맛이나 젤라틴 양은 고기 종류나 부위에 따라 다르다. 일반적으로 많이 움직이는 부위(힘줄이나 복숭아뼈, 목뼈 등)일수록 젤라틴이 많다. 젤라틴은 육수에 농도와 부드러움을 주지만 소스가 묵직해진다는 사람도 있으므로, 불필요하다면 힘줄을 빼는 등 상황에 맞게 조절한다.

● 미르푸아(향미채소)

육류의 퐁처럼 오래 끓여야 할 경우에는 사진처럼 채소를 큼직하게 썬다.

미르푸아는 육수에 채소의 향과 단맛을 주며, 고기와 생선의 잡냄새를 없애준다. 주로 양파, 당근, 셀러리, 파를 가리키는데, 이 책에서는 양송이버섯과 마늘도 사용하였다. 퐁에 단맛을 원하면 양파를 많이 넣고, 섬세한 향을 원하면 셀러리를 줄이는 등 채소를 어떻게 사용하느냐가 매우 중요하다. 또한 너무 물러지게 끓이면 탁해지고 잡냄새가 나므로, 졸이는 시간에 따라 써는 방법을 달리한다.

미르푸아를 써는 법

데(dé) 1.5~2㎝ 크기의 주사위모양으로 썬다. 쥐나 소스 등 끓이는 시간이 비교적 짧을 때 사용한다.

콩카세(concasser) 1~2㎝ 크기의 조금 작은 주사위모양으로 썬다. 주로 토마토나 고기 등을 썰 때 사용하는 표현.

브뤼누아즈(brunoise) 2㎜ 전후 크기로 썬다. 콩소메나 줄레를 만들 때, 또는 단시간에 만드는 소스에 사용한다.

에맹세·얇게(émincé) 2~3㎜ 두께로 편썰기한다. 어패류나 갑각류 등 단시간 끓이는 품류에 사용한다.

에맹세·두껍게(émincé) 5~7㎜ 두께로 편썰기한다. 퐁 드 레굼이나 쿠르부용에 사용한다.

어슷썰기 퐁 드 보를 비롯하여 장시간 끓이는 품류에 사용한다.

에샬로트 써는 법 왼쪽은 아세(hacher)로 잘게 다진 것이며, 주로 소스에 사용한다. 오른쪽은 에맹세.

양송이버섯 써는 법 왼쪽이 이 책에서 자주 나오는 카르티에(quartier)로 4등분한 것이다. 오른쪽은 에맹세.

● 그 밖의 재료

물

퐁과 쥐의 국물로 사용. 무미무취라 재료의 맛을 그대로 뽑아낼 수 있다. 단, 물로는 감칠맛이 충분하지 않을 경우 물 대신 퐁 드 볼라유나 퐁 드 레굼으로 끓여 맛을 내기도 한다.

소금

퐁과 쥐를 끓일 때 맛을 내고, 고기나 미르푸아의 맛을 끌어낸다. 쥐를 만들기 위해 뼈와 힘줄을 볶을 때도 소금을 조금 뿌리는데, 미네랄이 풍부하고 순한 맛의 굵은소금을 사용한다.

후추

퐁과 쥐를 만들 때 장시간 끓이므로 통후추나 굵게 간 미뇨네트를 사용한다. 후추의 역할은 잡냄새를 없애고 재료의 맛을 끌어내는 것이다. 주로 맛이 진한 재료에는 검은 후추, 섬세한 풍미의 재료에는 흰 후추를 사용한다.

퐁이나 쥐에 빠지지 않는 미뇨네트. 재료에 따라 블랙페퍼와 화이트페퍼를 구분하여 사용한다.

부케가르니

파슬리 줄기, 타임, 월계수 등의 허브와 셀러리, 파 등을 묶은 다발. 퐁과 쥐를 만들 때 넣어 고기나 생선의 잡냄새를 없애고 풍미를 더한다. 처음부터 넣으면 잡냄새와 함께 향이 날아가므로 물과 퐁을 붓고 잡냄새를 없앤 후에 넣는다.

주) 이 책에서 사용하는 기본 부케가르니는 셀러리 줄기(가는 것 5㎝) 1개, 파슬리 줄기(4㎝) 1개, 타임(4㎝) 2개, 월계수잎 1/4장을 파(16㎝) 1개로 감아서 실로 묶은 것.

■ 구운 색을 낸다
감칠맛이 잘 나도록 구수한 향이 나게 굽는다

오븐에 구워 색을 낸 복숭아뼈 부분. 모양이 복잡한 것도 이렇게 구수하게 구우면 감칠맛이 잘 우러난다.

힘줄 부위를 색이 나게 구운 것. 고기에서 나온 기름이 투명하면 잘 구워졌다는 증거.

미르푸아도 색이 잘 나게 구워서 감칠맛과 향을 충분히 낸다.

퐁 블랑 등의 일부 맑은 육수를 제외하고 대부분의 퐁과 쥐는 베이스가 되는 뼈와 미르푸아를 구워서 졸인다. 먼저 굽는 목적 중 하나는 육수에 색을 내는 것이다. 그리고 뼈와 힘줄(스지)의 경우 고온에 구워서 단백질을 변성시켜 감칠맛이나 젤라틴이 잘 우러나게 만드는 것이고, 미르푸아의 경우는 향과 단맛을 뽑아내는 것이 목적이다. 또한, 육류나 어패류는 잡냄새와 여분의 기름을 제거한다는 의미도 있다. 이때 포인트는, 뼈나 고기라면 고온(직화라면 센불, 오븐이라면 230~250℃)에서 구워 전체에 고루 색이 나게 하는 것이다. 부스러기 고기나 뼈처럼 모양이 복잡한 것은 타기 쉽고 맛도 균일하게 나오지 않으므로 냄비나 그릴에 겹치지 않게 놓고 신경 써서 잘 뒤집어가며 구워야 한다(처음에는 자주 뒤집지 말고 뭉근하게 색을 내는 것이 좋다). 이때 뼈와 고기가 마르면 타기 쉬우므로 수시로 기름을 보충한다. 뼈와 고기는 색을 내는 방법이 다르기 때문에 따로 굽거나, 같이 굽는 경우 뼈를 먼저 굽고 중간에 고기를 넣는다. 큰 덩어리째 구울 때는 어느 정도 시간이 걸리기 때문에 오븐을 이용하는데, 익숙하지 않으면 직화로 구워지는 상태를 눈으로 확인하며 굽는 것도 좋다. 미르푸아도 센불에서 굽지 말고, 마찬가지로 보면서 천천히 구워 색을 낸다.

■ 쉬에한다
수분이 나오게 볶아 단맛을 낸다

쉬에는 재료에서 수분이 나오도록 부드러워질 때까지 볶는다.

쉬에[suer]는 본래 「즙을 낸다」는 의미이다. 재료에서 수분이 나오도록(즙이 배어나오도록) 볶는 것을 의미한다. 주로 어패류나 갑각류의 퐁이나 생선류의 소스에서 구운 색은 나지 않게 채소나 생선뼈의 향과 단맛을 낼 때 사용하는 방법이다. 수분이 잘 나오도록 채소는 에맹세(편썰기)나 아셰(잘게 다지기)로 조금 작게 써는 경우가 많다.

■ 데그레세한다
여분의 기름기를 제거한다

색이 나게 구운 재료는 졸이기 전 굵은 체에 걸러 기름기를 확실히 제거한다.

데그레세^{dégraisser}는 남는 기름을 제거하는 것을 의미한다. 〈퐁이나 쥐 만들기〉에서는 뼈나 힘줄 부위를 구워서 색을 낼 때 나오는 기름을 제거하는 경우와, 끓인 육수를 거른 후 재가열하여 위에 뜨는 기름을 제거하는 방법이 있다. 특히 양고기처럼 지방이 많은 재료는 졸이기 전 체에 걸러서 기름을 충분히 제거하지 않으면, 국물에 기름이 새어나와 잡맛이 나거나 식었을 때 기름이 하얗게 굳는다. 사소한 일이지만 꼼꼼하게 해야 하는 공정이다.

■ 데글라세한다
냄비나 철판에 늘어 붙은 육즙을 액체로 녹인다

데그레세한 냄비. 여기저기에 쉬크(눌어붙은 육즙)가 보인다.

불에 올려서 물 등의 액체를 붓고, 나무주걱 등으로 저어 눌어붙은 육즙을 녹인다.

데그레세하고 나면 냄비에 고기나 채소에서 나온 눌어붙은 육즙(쉬크^{suc})이 있다. 여기에 재료의 깊은 맛이 있으므로 물 등의 액체를 붓고 끓여 녹이고, 이 액체(데글라사주^{déglaçage})는 퐁이나 쥐에 사용한다. 포인트는 일단 불에서 내려 온도를 떨어뜨린 냄비를 센불에 올려서 눌어붙은 육즙이 잘 녹아나오는 상태로 만들어 액체를 넣는 것이다. 나무주걱 등으로 고루 저어서 눌어붙은 육즙을 녹인다. 데글라세에 사용하는 액체는 물, 비네거, 와인 등으로 퐁에 따라 구분해서 사용한다. 또는, 데그레세한 냄비에 액체를 넣지 않고 미르푸아를 넣어 볶아도 좋다. 미르푸아에서 수분이 나와서 냄비에 붙어 있는 감칠맛 있는 육즙이 저절로 떨어져나와 효율적이다. 데글라사주를 퐁에 넣을 때는 걸러서 넣는다.

■ 거품을 걷는다
거품을 완전히 걷어 잡맛을 없애고 탁해지지 않게 한다

먼저 끓여서 거품이 나오게 하고, 위에 뜨는 거품을 걷어낸 다음 끓인다.

맑은 퐁이나 쥐를 만들려면 거품을 정성껏 걷는 것이 중요하다. 먼저, 고기와 뼈에 물을 부어 센불로 끓이고, 여기서 나오는 거품을 깔끔하게 걷는 것이 가장 포인트이다. 미조테 상태로 졸이면서 수시로 거품을 걷는다. 조금 번거로울 수 있지만, 거품을 걷는 것에 따라 완성도가 크게 좌우되므로 신경 써서 해야 한다.

■ 끓여서 우린다
뭉근하게 끓여 천천히 감칠맛을 낸다

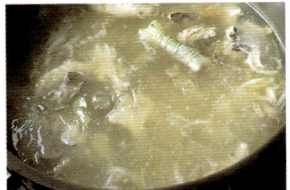

끓이는 시간은 재료에 따라 다르다. 떫은맛이나 비린내가 나기 쉬운 어패류나 갑각류는 짧은 시간 끓인다.

굽느냐 굽지 않느냐와 관계없이, 뼈와 미르푸아를 냄비에 넣고 물(또는 퐁 드 볼라유 등)을 부어서 먼저 센불로 끓여 거품이 충분히 나오게 한다. 거품을 완전히 걷으면 액체 표면이 보글보글 끓는 미조테mijoter 상태를 유지하며 약한불로 끓인다. 불이 너무 세면 감칠맛이 나오기 전에 쓴맛과 잡맛이 나오기 때문에 약한불로 천천히 끓이는 것이 중요하다. 이때도 끓이면서 중간에 수시로 거품을 걷는다.

■ 거른다
퐁의 특징이나 용도에 따른 여과 방법

퐁 드 볼라유는 시누아 자루를 가볍게 잡고 액체가 자연스럽게 걸러지게 한다.

퐁 드 오마르는 껍데기에도 감칠맛이 있으므로 으깨면서 걸러 감칠맛을 뽑는다.

퐁 드 클람은 조개에 모래가 있을 수 있으므로 면보자기를 깔고 거른다.

졸인 퐁이나 쥐는 거르는 작업(파세passer)으로 마무리한다. 장시간 끓이는 동안 미르푸아나 그 밖의 재료가 뭉그러질 수 있기 때문에 거르기 전의 끓인 국물은 아무래도 투명하지 않다. 이런 불투명한 것을 걸러서 제거하는 것이다. 거르는 방법은 다양하므로 목적에 맞게 사용한다. 하나는, 끓인 국물과 재료를 시누아에 부어 뼈나 미르푸아를 으깨지 않고 액체가 자연스럽게 걸러지게 하는 방법이다. 이것은 육수가 탁해지거나 잡맛이 나지 않는 방법으로, 끓이는 동안 감칠맛이 충분히 우러나는 퐁류에 흔히 사용한다. 힘을 주어 으깨면서 거르면 탁해지므로 자연스럽게 거르는 것이다. 다른 하나는, 고기나 미르푸아를 밀방망이 등으로 으깨서 감칠맛을 뽑아내는 방법이다. 퐁 드 오마르나 쥐에 사용하는 방법으로, 굵기가 다른 시누아를 2개 겹쳐서 잡맛이 조금이라도 빠져나가지 않게 신경을 많이 써야 한다. 이것은 가능하면 맑은 육수를 만들고 싶을 때 사용한다. 콩소메가 그 대표적인 예로, 퓌메 드 클람과 같이 조개류를 사용하는 경우에도 면보자기를 깔고 걸러서 불순물이나 거품을 완전히 제거한다. 대부분의 퐁과 쥐는 거른 액체를 다시 한 번 끓이면 거품과 기름이 위로 뜨는데, 이것을 걷어내고 다시 한 번 시누아에 걸러서 맑게 만든다.

■ 식힌다
풍미가 달아나지 않도록 얼음물에 재빨리 식힌다

쥐와 같이 완성된 양이 적을 경우에는 얼음을 채운 볼 등에 놓고 식힌다.

양이 많은 경우에는 싱크대에 물을 채워서 담그는 방법으로 식힌다.

완성된 퐁과 쥐는 바로 사용하는 것이 아니라면 보관용기에 옮겨 담아 위에 뜨는 기름을 키친타월로 걷어내고, 바로 얼음물에 넣는 등 급속냉각을 하여 식힌다. 이렇게 하는 가장 큰 이유는 재료의 풍미가 사라지지 않게 하기 위해서이다. 그대로 두면 식으면서 육수의 향도 사라진다. 또한, 급속냉각을 하면 상하는 것도 막을 수 있다. 소스를 만들 때도 퐁이나 쥐와 마찬가지로 얼음물에 급속냉각하면 풍미를 잘 잃지 않는다.

■ 보관한다
바로 사용하지 않는 것은 진공포장하여 냉동보관한다

바로 사용할 분량은 보관용기에 담아 냉장보관한다.

바로 사용하지 않을 분량은 소분하여 진공포장한 후 냉동보관한다.

어느 정도 완성된 퐁이나 쥐는 철저하게 보관하여 버리는 것 없이 사용하여야 한다. 한 김 식힌 퐁이나 쥐는 바로 사용할 분량과 바로 사용하지 않을 분량으로 나눈다. 바로 사용할 분량은 밀폐용기에 넣거나, 공기와 접촉하지 않도록 보관용기를 랩으로 완전히 덮어 냉장한다. 퐁과 쥐 모두 3일 정도 냉장보관이 가능하다. 바로 사용하지 않을 분량은 진공포장하여 냉동한다. 종류에 따라 다르지만 퐁은 2개월, 쥐는 1개월 정도 보관이 가능하다(지비에나 어패류, 갑각류의 퐁은 1개월 안에 모두 사용해야 한다). 진공포장하면 보관하는 공간도 줄어들어 편리하다. 그래도 가능하면 빨리 사용하는 것이 좋다. 냉장 또는 냉동하면 젤라틴이 들어 있어 몽글몽글하게 굳는다. 요리에 사용할 때는 중탕 등으로 조금 데워서 액체가 되면 사용한다. 또한 표면에 하얗게 굳은 기름을 걷어내고 사용한다.

퐁 드 보

fond de veau

송아지 육수

프렌치요리에서 가장 기본이 되는 육수. 뭉근히 끓여서 뽑아낸 송아지의 부드러운 감칠맛은 어떤 재료와도 잘 어울린다. 고기조림이나 소스의 베이스 등으로 활용도가 높은 퐁이다.

재료_ 완성 후 10ℓ

송이지뼈 10kg
송아지와 쇠고기 힘줄과 사태 3kg
양파 1.3kg
당근 1.3kg

셀러리 400g
파 500g
양송이버섯 500g
마늘 1통_ 껍질째
물 18ℓ

토마토 6개
토마토페이스트 50g
부케가르니 1다발
굵은소금 조금
땅콩기름, 버터 적당량

01 송이지뼈는 복숭아뼈를 사용한다. 정육점에서 관절째 자른 부분을 사온다 (정강이뼈를 사용할 경우에도 같은 크기로 자른다). 물로 씻어 핏물과 불순물을 제거하고 물기를 빼둔다.

02 힘줄과 사태는 7~8cm 크기로 토막을 낸다. 쇠고기도 넣는 이유는 감칠맛과 깊은 맛을 더하기 위해서이므로, 취향에 따라 송아지만 사용해도 된다.

03 양파, 당근, 셀러리는 각각 1.5cm 두께로 어슷 썰고, 파도 다른 채소와 같은 크기로 썬다. 양송이버섯은 카르티에 한다.

04 오븐팬에 땅콩기름을 두르고 송이지뼈를 겹치지 않게 놓는다. 240~250℃의 오븐에 넣어 1시간~1시간 30분 굽는다. 고온에서 구워 갈색이 나면 육수를 내기가 쉽다.

05 프라이팬에 땅콩기름을 둘러 충분히 달구고, 힘줄과 사태를 겹치지 않게 넣어 갈색으로 굽는다. 프라이팬에 구우면 보면서 구울 수 있어 좋다. 뼈와 같이 오븐에 구워도 좋다.

06 전체에 고루 구운 색이 나면 체에 담아서 여분의 기름을 뺀다.

07 다른 프라이팬에 땅콩기름을 둘러
중불로 달군다. 먼저 잘 익지 않는 당근
을 넣어 구수하게 갈색으로 볶는다.

08 계속해서 양파, 마늘, 셀러리, 파를
넣고 뚜렷하게 갈색이 나게 볶는다. 당근
은 따로 볶아서 마지막에 합쳐도 된다.

09 다른 프라이팬에 땅콩기름을 둘러
양송이버섯을 볶는데, 중간에 버터를 조
금 넣어 풍미를 더한다.

10 복숭아뼈가 알맞게 갈색으로 구워
지면 오븐에서 꺼낸다. 사진은 1시간
30분 정도 구운 것. 뼈 전체에 고루 구
운 색이 나게 중간에 뒤집는다.

11 뼈를 체에 밭쳐서 기름기를 제거하
고, 오븐팬에 배어나온 기름도 제거한다.

12 오븐팬을 불에 올리고 적당히 둘
(분량 외)을 부어 오븐팬에 붙어 있는 감
칠맛 있는 육즙(쉬크)을 나무주걱 등으
로 긁어낸다(데글라세).

13 깊은 냄비에 기름기를 제거한 뼈,
힘줄, 사태, 미르푸아를 넣는다.

14 12에서 데글라세한 구운 즙도 시
누아에 걸러서 넣고 물을 붓는다.

15 토마토와 토마토페이스트를 넣그
약한불에서 끓인다.

16 끓기 시작하여 거품이 나면 수시로
걷는다.

17 거품을 걷은 후 부케가르니와 굵
은소금을 넣어 약한불로 끓인다. 10~
12시간 뭉근히 끓인다.

18 7시간 후의 상태. 표면이 보글보글
끓는 상태(미조테)를 유지하며 계속 끓
인다. 수시로 상태를 확인하고, 냄비 벽
에 붙은 채소 등을 떼어낸다.

19 12시간 정도 지난 퐁 드 보. 처음 양의 반 정도로 졸아든다. 맛을 보고 부족하면 더 끓이고, 충분히 맛이 났으면 불을 끈다.

20 시누아에 거른다. 고기와 미르푸아를 으깨면 퐁에 잡맛이 나고 탁해지므로, 시누아 자루를 가볍게 잡고 액체를 자연스럽게 거른다.

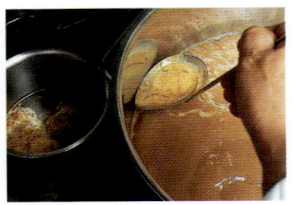

21 거른 액체를 다시 끓인다. 끓으면 약한불로 줄이고, 위에 뜨는 거품과 기름을 걷는다. 이 작업을 하지 않으면 냉각했을 때 기름과 거품이 아래로 가라앉아 잡맛이 나고 탁해진다.

22 다시 구멍이 작은 고운 시누아로 거른다.

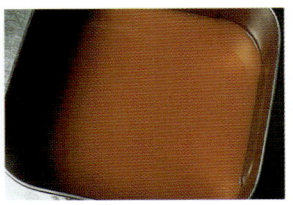

23 퐁 드 보 완성. 얼음물에 올려 급냉한다. 냉장보관 3일. 바로 사용하지 않을 경우 소분해서 진공포장하여 냉동하면 2개월 보관 가능. 표면에 하얗게 굳은 기름을 제거하고 사용한다.

2번째 퐁 드 보

퐁 드 보를 만들고 난 재료에도 아직 감칠맛이 남아 있다. 여기에 물을 붓고 여러 시간 끓인 것이 2번째 퐁 드 보이다. 송아지 등의 고기요리와 채소조림에 사용하여 맛과 감칠맛을 더하거나, 푹 졸여서 소스의 베이스로 사용해도 좋다. 재료를 알뜰하게 사용하는 것도 셰프들에게 중요한 일이다.

a 퐁 드 보를 만들고 난 재료를 냄비에 넣고 잠길 정도로 물을 붓는다.

b 불에 올리고, 끓으면 약한불로 줄여 2시간 30분 정도 끓인다.

c 시누아에 거른다. 이때도 고기와 미르푸아를 으깨지 않는다.

d 2번째 퐁 드 보 완성. 역시 얼음물에 올려 차게 식히고, 바로 사용할 것은 밀폐해서 냉장하고, 바로 사용하지 않을 것은 진공포장하여 냉동한다. 냉장 3일, 냉동 1개월 보관 가능.

퐁 드 보 사용

트러플을 넣은 감자 퓌레와 우엉튀김을 곁들인
카시스 풍미의 송아지볼살 브레제

Joue de veau braisée aux cassis,
purée de pommes de terre aux truffes, salsifis frits

볼살을 레드와인 등으로 뭉근히 브레제한 요리는 프랑스 정통요리이
다. 송아지 볼살은 코냑, 마데이라(madeira, 호박색의 캐러멜향을 가
진 알코올 도수가 높은 와인으로 세계 3대 주정강화와인 중 하나), 레드
와인, 크렘 드 카시스, 카시스 퓌레로 약 3시간 마리네한다. 미르푸
아를 볶은 후 볼살을 마리네한 국물과 레드와인을 붓고, 알코올이
날아가면 겉면에 색이 나게 리졸레한 볼살을 넣는다. 레드와인비네
거, 퐁 드 보, 미뇨네트, 부케가르니를 넣고 2시간 정도 뭉근히 브
레제한다. 소스는 이렇게 브레제한 국물을 가볍게 졸여서 체에 거른
후 버터로 몽테한 것. 접시에 트러플을 넣은 감자 퓌레, 에샬로트 콩
퓌, 우엉튀김을 곁들여 담는다.

퐁 드 볼라유

fond de volaille

닭육수

색도 맛도 은은한 대표적인 하얀 육수. 맑게 만들기 위해 닭뼈와 채소를 큼직하게 잘라서 오랫동안 끓여도 뭉그러지지 않게 한다. 닭뼈 이외에 닭머리를 넣어 감칠맛을 더한다.

재료 _ 완성 후 10ℓ

닭뼈 5kg
닭머리 2.5kg
미르푸아
┌ 양파 500g
│ 당근 500g
└ 샐러리 200g
물 15ℓ
부케가르니 1다발
굵은소금 조금
식용유 조금

만드는 방법

01 닭뼈와 닭머리를 물로 씻는다. 뼈 안쪽에 기름과 핏물이 남아 있으면 육수가 탁해지고 냄새가 나므로 깨끗하게 씻는다. 닭뼈는 7~8cm 크기로 토막을 내고, 닭머리는 5cm 너비로 자른다.

02 양파와 당근을 반으로 자르고, 셀러리는 1대를 3등분한다. 반으로 자른 양파 중 1개 분량은 식용유를 두른 오븐팬에 자른 면이 아래로 가게 놓고, 240~250℃ 오븐에 넣어 자른 면을 굽는다.

03 깊은 냄비에 닭뼈와 닭머리를 넣고 물을 부어 센불로 끓인다. 끓으면 거품을 걷고 약한불로 줄인 후 미르푸아, 부케가르니, 굵은소금을 넣는다.

04 오븐에 구운 양파를 넣고 미조테 상태로 약 3시간 끓인다. 구운 양파는 육수에 은은한 향과 단맛과 부드러움을 준다.

05 끓인 육수를 시누아로 걸러서 다른 냄비에 담아 끓인다. 위에 뜨는 거품과 기름을 걷고, 다시 한 번 시누아로 거른다.

용도·보관 닭고기요리의 소스나 채소 수프의 베이스로 사용한다. 가금류의 육수를 뽑을 때 함께 넣어 끓이는 국물로도 사용한다. 냉장하면 2~3일, 진공포장하여 냉동하면 2개월 보관 가능.

글라스 드 비앙드

glace de viande

농축 쇠고기 육수

풍 드 보를 엉길 정도로 뭉근하게 졸여서 맛과 농도를 응축시킨 것. 감칠맛과 깊은 맛이 꽉 차 있는 진액으로, 소스 등을 만들 때 마지막에 조금만 넣는다.

재료_ 완성 후 1ℓ

2번째 퐁 드 보(p.30) 10ℓ

만드는 방법

01 냄비에 2번째 우린 퐁 드 보를 넣고 끓인다. 미조테 상태를 유지하고, 수시로 거품을 걷으면서 뭉근히 끓인다. 국물의 양이 줄면 냄비 벽이 타지 않도록 작은 냄비로 옮겨 담고, 양이 1/10이 되도록 졸인다.

02 시누아로 거르고, 트레이에 넓게 펴서 식혀 굳힌다.

용도·보관 육류 소스나 고기 파르스에 깊은 맛을 내기 위해 넣는다. 냉장하면 10일간 보관 가능.

글라스 드 볼라유

glace de volaille

농축 닭육수

풍 드 볼라유를 뭉근히 졸인 진액. 글라스 드 비앙드와 같이 감칠맛과 깊은 맛을 낼 때 사용한다. 굳혀서 주사위모양으로 잘라두면 사용하기 편하다.

재료_ 완성 후 1ℓ

퐁 드 볼라유(p.32) 16ℓ

만드는 방법

01 냄비에 퐁 드 볼라유를 넣고, 수시로 거품을 걷으면서 미조테 상태로 뭉근히 끓인다. 양이 줄면 냄비 벽이 타지 않도록 작은 냄비로 옮겨 1ℓ로 졸인다.

02 시누아로 거르고, 트레이에 넓게 펴서 식혀 굳힌다.

용도·보관 닭고기나 채소 요리에 조금 넣거나, 테린이나 고기 파르스에 넣어 깊은 맛을 낸다. 냉장하면 10일간 보관 가능.

퐁 드 카나르

fond de canard

오리 육수

오리의 감칠맛과 향이 풍부한 육수. 여기서는 육수에 깊은 맛과 감칠맛을 충분히 내기 위해 오리뼈를 퐁 드 볼라유에 넣어 끓이지만, 물에 넣어 끓여도 된다.

재료_ 완성 후 10ℓ

오리뼈와 머리 6㎏

미르푸아

- 양파 500g
- 당근 500g
- 셀러리 200g
- 양송이버섯 200g
- 마늘 3쪽_ 껍질째

퐁 드 볼라유(p.32) 20ℓ

부케가르니 1다발

굵은소금 조금

화이트 미뇨네트 조금

버터 적당량

만드는 방법

01 오리를 6㎝ 크기로 토막 낸다. 양파, 당근, 셀러리는 5㎜ 두께로 에멩세하고, 양송이버섯은 카르티에한다. 마늘은 살짝 으깬다.

02 프라이팬에 버터를 녹여 오리를 노릇하게 굽는다 (오븐팬에 가지런히 담아 오븐에 구워도 좋다). 체에 걸러서 데그레세하여 냄비에 담는다.

03 다른 프라이팬에 버터를 녹여 미르푸아를 갈색으로 굽는다. 체에 걸러서 데그레세하여 **02**의 냄비에 넣는다.

04 깊은 냄비에 퐁 드 볼라유를 붓고 센불로 끓인다. 끓으면 거품을 걷고 약한불로 줄인 후 부케가르니, 굵은소금, 미뇨네트를 넣는다. 미조테 상태로 거품을 걷으면서 1시간 30분~2시간 졸인다.

05 시누아로 걸러서 국물만 냄비에 담아 끓인다. 위에 뜨는 거품과 기름을 걷고 다시 한 번 시누아로 거른다.

용도·보관 오리 수프나 줄레(p.141)의 베이스로 사용한다. 냉장하면 3일, 진공포장하여 냉동하면 2개월 보관 가능.

퐁 드 팽타드

fond de pintade

뿔닭 육수

뿔닭은 조금 담백한 맛의 새고기이다. 지방이 적기 때문에, 고기를 굽지 않고 퐁 드 볼라유와
함께 끓인다. 담백하지만 깊은 맛이 있어 크림과 잘 어울린다.

재료_ 완성 후 10ℓ

뿔닭 5마리(1.5㎏)

미르푸아

- 양파 300g
- 당근 400g
- 셀러리 100g
- 파 250g
- 양송이버섯 200g

퐁 드 볼라유(p.32) 20ℓ

정향 3개

파슬리 줄기 3개

굵은소금 조금

화이트 미뇨네트 조금

만드는 방법

01 뿔닭은 내장을 꺼내고, 물로 깨끗히 씻어서 불순물
을 제거한다. 양파는 반으로 잘라서 정향을 찔러 넣고,
당근은 윗부분에 십자(+)로 칼집을 넣는다. 셀러리와
파는 반으로 자르고, 양송이버섯은 카르티에한다.

02 냄비에 뿔닭을 통째로 넣고, 퐁 드 볼라유를 부어
센불로 끓인다.

03 끓으면 거품을 걷고, 약한불로 줄인 후 미르푸아와
파슬리 줄기를 넣는다. 굵은소금과 미뇨네트를 넣고,
미조테 상태로 2시간~2시간 30분 거품을 걷으면서 졸
인다.

04 시누아로 걸러서 국물만 냄비에 담아 끓인다. 위에
뜨는 거품과 기름을 걷고 다시 한 번 시누아로 거른다.

용도·보관 뿔닭 수프(콩소메나 크림수프)나 크림조림
등의 베이스로 사용한다. 냉장하면 3일, 진공포장하여
냉동하면 2개월 보관 가능.

퐁 드 댕동

fond de dindon

칠면조 육수

크리스마스 때 만드는 육수. 독특하고 고소한 풍미가 있으며, 부드럽지만 진한 맛의 퐁을 만들 수 있다. 무와 함께 끓여 은은한 단맛을 더한다.

재료 _ 완성 후 10ℓ

칠면조 2마리(약 8kg)

미르푸아

┌ 양파 900g
│ 당근 400g
└ 셀러리악 200g

무 100g

정향 2개

퐁 드 볼라유(p.32) 15ℓ

부케가르니 1다발

굵은소금 조금

화이트 미뇨네트 조금

만드는 방법

01 칠면조는 내장을 꺼내고 핏물을 제거한다. 양파는 반으로 자르고, 당근은 윗부분에 십자(+)로 칼집을 넣는다. 셀러리악은 세로로 반을 자르고, 무는 2등분하여 정향을 찔러 넣는다.

02 깊은 냄비에 칠면조, 퐁 드 볼라유, 미르푸아, 무를 넣어서 센불로 끓인다.

03 끓으면 거품을 걷고 약한불로 줄인다. 부케가르니, 미뇨네트, 굵은소금을 넣고 미조테 상태로 2시간~2시간 30분 졸인다. 이때 거품이 생기면 수시로 걷는다.

04 시누아로 걸러서 국물을 냄비에 담고 끓인다. 위에 뜨는 거품과 기름을 걷고 다시 한 번 시누아로 거른다.

용도·보관 칠면조수프나 소스의 베이스로 사용한다. 냉장하면 3일, 진공포장하여 냉동하면 2개월 보관 가능.

퐁 드 피죵

fond de pigeon

비둘기 육수

가금류 중에서도 비교적 개성이 강한 비둘기 육수는 부드러우면서도 강력함이 느껴진다. 비둘기의 풍미를 더 살리고 싶다면 퐁 드 볼라유 대신 물을 넣는다.

재료_ 완성 후 10ℓ
비둘기뼈와 머리 6kg
미르푸아

┌ 양파 200g
│ 당근 300g
│ 파 400g
│ 양송이버섯 300g
└ 마늘 3쪽_ 껍질째
퐁 드 볼라유(p.32) 20ℓ
부케가르니 1다발
굵은소금 조금
검은 통후추 5g
땅콩기름 적당량
버터 적당량

만드는 방법

01 비둘기뼈와 머리를 5cm 크기로 토막 낸다. 양파, 당근, 파는 5mm 두께로 에멩세하고, 양송이버섯은 카르티에한다. 마늘은 살짝 으깬다.

02 프라이팬에 땅콩기름과 버터를 두르고, 비둘기를 갈색으로 굽는다. 색이 충분히 나면 체에 걸러서 데그레세하여 깊은 냄비에 담는다. 프라이팬에 퐁 드 볼라유를 조금 넣고 데글라세하여 이것도 깊은 냄비에 넣는다.

03 다른 프라이팬에 버터를 녹여 미르푸아를 갈색으로 볶고, 체에 걸러서 데그레세하여 02의 냄비에 넣는다.

04 퐁 드 볼라유를 넣고 센불로 끓인다. 끓으면 거품을 걷고 약한불로 줄인 후 부케가르니, 검은 통후추, 굵은소금을 넣는다. 미조테 상태로 1시간 30분~2시간 졸이는데, 수시로 거품을 걷는다.

05 시누아에 걸러서 깊은 냄비에 담아 끓인다. 끓으면 위에 뜨는 거품과 기름을 걷고, 다시 한 번 시누아로 거른다.

용도·보관 비둘기 수프나 줄레(p.140), 소스의 베이스로 사용한다. 냉장하면 3일, 진공포장하여 냉동하면 2개월 보관 가능.

퐁 블랑 드 보

fond blanc de veau

송아지 흰색 육수

주로 콩소메 베이스로 사용하는 고급스러운 「흰색 육수」. 뼈나 채소를 크게 자르고, 계속 거품을 걷어내면 오랜 시간 졸여도 육수가 탁하지 않다.

재료_ 완성 후 10ℓ

송이지뼈 6kg
송아지 사태 2kg _ 뼈째
송아지 힘줄(스지) 1kg

미르푸아

┌ 양파 600g
│ 당근 500g
│ 셀러리 100g
│ 파 300g
└ 마늘 5쪽_ 껍질째
물 20ℓ
부케가르니 1다발
굵은소금 조금

만드는 방법

01 송이지뼈는 10~15㎝ 크기로 토막을 내서 물에 담근다. 사태와 힘줄은 6~7㎝ 크기로 토막 낸다.

02 양파와 당근은 반으로 자르고, 셀러리는 3㎝ 길이로 자른다. 파는 반을 자르고, 마늘은 살짝 으깬다.

03 깊은 냄비에 송이지뼈와 사태, 힘줄을 넣고 물을 부어 센불로 끓이면서 거품을 꼼꼼히 걷는다. 약한불로 줄이고 미르푸아, 부케가르니, 굵은소금을 넣어 미조테 상태로 약 5시간 끓인다. 이때 수시로 거품을 걷는다.

04 시누아로 거른다.

용도·보관 콩소메 베이스나 송아지로 만드는 조림요리의 베이스로 사용한다. 냉장하면 3일, 진공포장하여 냉동하면 2개월 보관 가능.

퐁 블랑 드 볼라유

fond blanc de volaille

닭고기 흰색 육수

닭고기로 만드는 흰색 육수. 닭고기는 맛이 담백하기 때문에 송아지 사태의 젤라틴으로 부드러
운 깊은 맛을 더한다. 뭉근히 졸여서 맑게 만든다.

재료_ 완성 후 10ℓ

닭뼈 4kg

닭머리 2kg

송아지 사태 1.5kg _ 뼈째

미르푸아

┌ 양파 600g

│ 당근 500g

│ 셀러리 100g

└ 파 300g

물 15ℓ

부케가르니 1다발

굵은소금 조금

만드는 방법

01 닭뼈를 물에 충분히 담근다. 닭뼈와 닭머리 모두
가능하면 자르지 않고 그대로 사용하며, 송아지 사태는
7~8cm 크기로 토막 낸다.

02 양파와 당근은 반으로 자르고, 셀러리는 그대로 사
용한다. 파도 반을 자른다.

03 깊은 냄비에 닭뼈, 닭머리, 송아지 사태를 넣고 물
을 부어 센불로 끓인다. 끓으면 거품을 꼼꼼히 걷고, 약
한불로 줄인 후 미르푸아, 부케가르니, 굵은소금을 넣
는다. 미조테 상태로 약 3시간 졸이면서 수시로 거품을
걷는다.

04 시누아로 거른다.

용도 · 보관 콩소메 베이스나 닭고기로 만드는 조림요
리의 베이스로 사용한다. 냉장하면 3일, 진공포장하여
냉동하면 2개월 보관 가능.

콩소메 드 보

consommé de veau

송아지 콩소메

퐁 블랑 드 보를 베이스로 하여 만드는 콩소메. 송아지의 깔끔한 맛을 잘 내기 위해 단맛이 나는
양파와 향이 강한 셀러리를 넣지 않고 매우 간단하게 만든다.

재료_ 완성 후 10ℓ
퐁 블랑 드 보(p.38) 12ℓ
쇠고기 사태 3.75kg
미르푸아
┌ 당근 250g
└ 파 500g
달걀흰자 5개
굵은소금 조금

만드는 방법

01 쇠고기 사태는 갈고, 당근과 파는 브뤼누아즈한다.

02 냄비에 간 쇠고기 사태, 미르푸아, 달걀흰자를 넣
고 손으로 잘 섞는다.

03 퐁 블랑 드 보와 굵은소금을 넣고, 나무주걱 등으
로 저으면서 센불로 끓인다. 달걀흰자와 사태 단백질
이 60℃ 정도에서 굳기 시작하면 저어서 섞는 것을 멈
춘다. 달걀흰자가 거품을 흡착해서 응고되어 위에 뜨면
약한불로 줄이고, 레이들로 가운데에 구멍(지름 6~7㎝)
을 내서 미조테 상태로 약 1시간 30분 끓인다.

04 시누아에 면보자기를 깔고 조금씩 부어 거른다.

용도·보관 콩소메 수프나 육류 줄레 등에 사용한다. 냉
장하면 3일, 진공포장하여 냉동하면 2개월 보관 가능.

콩소메 드 볼라유

consommé de volaille

닭고기 콩소메

퐁 블랑 드 볼라유를 베이스로 하고, 여기에 통닭을 닭뼈와 함께 넣고 끓인 고급스러운 콩소메.
통닭과 뼈는 감칠맛이 잘 나오도록 한 번 익혀서 사용한다.

재료_ 완성 후 10ℓ
퐁 블랑 드 볼라유(p.39) 12ℓ
쇠고기 사태 3.75kg
미르푸아

┌ 당근 250g
└ 파 500g

통닭 2마리
닭날개와 닭다리 각 15마리 분량(3kg)
닭뼈* 5마리 분량(2kg)
달걀흰자 5개
굵은소금 조금

* 닭뼈는 구운 닭에서 나온 뼈와 같이
한 번 익힌 것을 사용한다.

만드는 방법

01 쇠고기 사태는 갈고, 통닭은 내장을 꺼내 220℃
오븐에서 약 10분간 껍질에 갈색이 나게 굽는다. 닭날
개와 닭다리는 그대로 사용하고, 뼈는 관절마다 잘라
분리한다. 당근과 파는 브뤼누아즈한다.

02 냄비에 간 쇠고기 사태, 미르푸아, 닭날개와 닭다
리, 닭뼈, 달걀흰자를 넣고 잘 섞는다. 충분히 섞었으면
통닭을 넣어 섞고, 퐁 블랑 드 볼라유와 굵은소금을 넣
어 끓인다. 달걀흰자와 고기 단백질이 60℃ 정도에서
굳기 시작하면 저어서 섞는 것을 멈춘다. 달걀흰자가
거품을 흡착해서 응고되어 위에 뜨면 불을 약하게 줄이
고, 레이들로 가운데에 구멍(지름 6~7㎝)을 내서 미조
테 상태로 약 1시간 30분 끓인다.

03 시누아에 면보자기를 깔고 조금씩 부어 거른다.

용도·보관 콩소메 수프, 닭고기나 채소 줄레 등에 사
용한다. 냉장하면 3일, 진공포장하여 냉동하면 2개월
보관 가능.

퐁 드 지비에

fond de gibier

지비에 육수

몇 가지 지비에(사냥한 새나 짐승)를 섞어 만든 육수. 부드러워서 활용도가 좋아 작은 레스토랑은
이것 하나로 거의 모든 지비에요리를 할 수 있다. 개성이 너무 강한 산토끼나 멧돼지는 피한다.

재료_ 완성 후 10ℓ

사슴뼈와 힘줄 3.5kg

지비에뼈와 머리

┌ 자고새 새끼* 1kg

│ 꿩 1kg

│ 물오리 1kg

└ 산비둘기 500g

미르푸아

┌ 양파 450g

│ 당근 450g

│ 셀러리 200g

│ 양송이버섯 250g

│ 마늘 1통

└ 에샬로트 200g

퐁 드 볼라유(p.32) 18ℓ

화이트와인 1.5ℓ

부케가르니 1다발

블랙 미뇨네트 적당량

주니퍼베리 20알

정향 20개

가스트리크* 적당량

땅콩기름 적당량

버터 적당량

*프랑스어로 perdreau. 유럽자고새와
빨간다리자고새 등이 있는데, 유럽자고
새가 감칠맛이 있다. 여기서는 모두 사용.
*가스트리크는 그래뉴당 50g과 물 조금
을 가열하여 캐러멜화한 후 레드와인비
네거 150cc를 넣어 섞은 것(분량은 만들
기 좋은 양이며, 이 중 적당량을 사용)

01 사슴뼈(사진 왼쪽. 여기서는 등뼈 사
용)를 5㎝ 정도 크기로 토막 내고, 사슴
힘줄(오른쪽)도 같은 크기로 토막 낸다.
사슴은 2~3세의 암컷이 냄새가 없어
좋다.

02 왼쪽 아래부터 시계방향으로 산비
둘기, 물오리, 자고새 새끼, 꿩. 각각의
뼈와 살을 5㎝ 크기로 토막 낸다. 지비
에는 가능하면 네발짐승과 새를 3종류
이상 섞어서 준비한다.

03 양파, 당근, 셀러리, 에샬로트를
1㎝ 두께로 에맹세한다. 양송이버섯은
2등분하고, 마늘은 가로로 2등분한다.

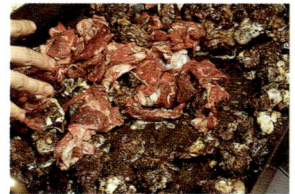

04 오븐팬에 땅콩기름을 두르고, 사슴 뼈를 살짝 볶아서 기름으로 코팅한다. 230℃ 오븐에 넣어 어느 정도 색이 나면 힘줄을 넣고 굽는다. 처음부터 힘줄을 넣으면 수분이 나와 색이 잘 나지 않는다.

05 프라이팬에 땅콩기름을 두르고, 자고새 새끼를 넣어 겉이 갈색이 되도록 잘 굽는다. 전체에 고루 색이 나면 체에 밭쳐서 데그레세한다.

06 볶은 냄비를 불에 올리고 화이트 와인을 적당량 붓는다. 냄비에 붙은 쉬크(눌어붙은 육즙)를 화이트와인으로 녹인다.

07 감칠맛이 녹아나온 **06**의 국물(데글라사주)을 시누아에 걸러서 보관한다(**08**, **09**의 데글라사주도 같은 방법으로 걸러둔다).

08 꿩도 같은 방법으로 프라이팬에 겉이 갈색이 되도록 잘 굽는다. 꿩은 기름이 많으므로 기름이 너무 많이 빠져나오면 꺼낸다. 구수한 갈색이 되면 데그레세하고, 냄비에 화이트와인을 부어 데글라세한다.

09 물오리와 산비둘기는 육질이 비슷하기 때문에, 땅콩기름에 같이 구워서 색을 낸다(각각 따로 구워서 색을 내도 된다). 체에 밭쳐서 데그레세하고, 냄비에 화이트와인을 부어 데글라세한다.

10 땅콩기름과 버터에 마늘, 양파, 당근, 셀러리를 볶고, 기름이 고루 코팅되면 양송이버섯을 넣는다. 고루 색이 나고 단맛이 나오면 에샬로트를 넣고, 마지막에 버터를 조금 넣는다.

11 사슴 힘줄도 색이 잘 나왔으면 오븐에서 꺼낸다. 뼈와 살은 체에 밭쳐서 데그레세하고, 오븐팬은 센불에 올려 화이트와인을 붓고 데글라세한다. 데글라사주는 시누아에 걸러둔다.

12 깊은 냄비에 볶은 사슴뼈와 힘줄, 자고새 새끼, 꿩, 물오리, 산비둘기, 미르푸아를 넣고 전체를 골고루 섞는다. 퐁드 볼라유를 붓고 약한불에서 끓인다.

13 거품이 생기면 걷고 불을 줄인 후 부케가르니, 미뇨네트, 주니퍼베리, 정향을 넣는다.

14 각 재료의 데글라사주와 가스트리크를 넣는다.

15 미조테 상태로 3시간~3시간 30분 뭉근히 끓이면서 수시로 거품을 걷는다.

16 충분히 맛이 났는지 확인하고 먼저 구멍이 큰 시누아로 거른다.

17 시누아에 남아 있는 뼈와 채소를 으깨서 감칠맛을 완전히 내린다. 거른 국물을 다시 한 번 시누아로 거른다. 이 때 사용한 뼈로 다시 한 번 육수를 내도 좋다(뼈는 물이나 퐁 드 볼라유를 10ℓ 넣고 1시간 끓인다).

18 두 번 거른 육수를 냄비에 담아 센 불에서 끓인다. 위에 기름과 거품이 뜨면 걷는다.

19 구멍이 작은 고운 시누아로 거르고, 얼음물에서 차게 식힌다.

20 퐁 드 지비에 완성. 냉장하면 3일간 보관 가능. 바로 사용하지 않을 경우에는 소분해서 진공포장하여 냉동하면 1개월 보관 가능. 사용할 때 하얗게 굳은 기름이 있으면 걷고 사용한다.

퐁 드 슈브뢰유

fond de chevreuil

사슴 육수

사슴의 뼈와 고기로 만든 육수. 푸아브라드 소스를 비롯하여 지비에 소스에서 빠지지 않는다. 레드와인을 듬뿍 넣어 입안에 강하게 남는 진한 감칠맛이 특징이다.

재료_ 완성 후 10ℓ

사슴뼈와 자투리고기   10kg

미르푸아

┌ 양파   1.2kg

│ 당근   1.2kg

│ 셀러리   400g

│ 양송이버섯   200g

└ 마늘   2통

레드와인   3병(2.25ℓ)

퐁 드 볼라유(p.32)   14ℓ

부케가르니   1다발

블랙 미뇨네트   2g

주니퍼베리   20알

굵은소금   조금

버터   적당량

만드는 방법

01 사슴뼈와 자투리고기는 5㎝ 정도 크기로 토막 낸다. 양파, 당근, 셀러리는 5㎜ 두께로 에맹세하고, 양송이버섯은 카르티에한다. 마늘은 가로로 2등분한다.

02 냄비에 버터(또는 땅콩기름)를 두르고, 사슴 뼈와 자투리고기를 구수한 갈색으로 굽는다(오븐팬에 담아 오븐에 구워도 좋다). 체에 밭쳐서 데그레세하고, 냄비에 레드와인을 여러 번 나누어 붓고 데클라세하여 시누아에 걸러둔다.

03 다른 냄비에 버터를 두르고 미르푸아를 볶는다. 구수하게 구운 색이 나면 체에 밭쳐서 데그레세한다.

04 깊은 냄비에 **02**의 구운 사슴뼈와 자투리고기, **03**의 볶은 미르푸아를 넣고 퐁 드 볼라유를 부어 센불에서 끓인다. 끓으면 거품을 걷고 불을 줄인 후 부케가르니, 미뇨네트, 주니퍼베리, 굵은소금을 넣는다. 데클라사주를 넣고 미조테 상태로 2시간 30분 끓이면서 거품을 수시로 걷는다.

05 고기와 미르푸아를 으깨면서 시누아로 거른다. 거른 육수를 다시 한 번 끓이면서 거품과 기름을 걷고, 구멍이 작은 고운 시누아로 거른다.

용도·보관 푸아브라드 소스(p.214)를 비롯하여 사슴고기요리에 사용한다. 냉장하면 3일, 진공포장하여 냉동하면 2개월 보관 가능.

퐁 드 프장

fond de faisan

꿩육수

꿩육수는 지비에(사냥한 새나 짐승) 중에서도 비교적 은은한 맛이다. 단맛과 잘 어울리므로 미르푸
아는 양파만 사용하고, 데글라세도 단맛을 가진 마데이라를 사용하여 꿩고기의 감칠맛을 뽑는다.

재료_ 완성 후 10ℓ

꿩 2마리
꿩뼈와 머리 5kg
양파 1.5kg
마늘 1통
마데이라 1.2ℓ
퐁 드 볼라유(p.32) 18ℓ
부케가르니 1다발
화이트 미뇨네트 조금
굵은소금 조금
버터 적당량

만드는 방법

01 꿩은 내장을 꺼내고 뼈째 4등분한다. 꿩뼈와 머리
는 5cm 정도 크기로 토막 낸다. 양파는 5mm 두께로 에
멩세하고, 마늘은 가로로 2등분한다.

02 냄비에 버터를 두르고, 양파와 마늘을 수분이 나오
게 뭉근히 쉬에한다.

03 프라이팬에 버터를 두르고 꿩뼈를 넣어 구수하게
색이 나게 구운 후 데그레세하여 **02**의 냄비에 넣는다.
프라이팬은 마데이라로 데글라세하고, 알코올이 날아
가면 **02**의 냄비에 넣는다.

04 냄비의 재료를 고루 잘 섞고, 퐁 드 볼라유를 부어
센불에서 끓인다. 끓으면 거품을 걷고 불을 줄인 후 부
케가르니, 미뇨네트, 굵은소금, 4등분한 꿩고기를 넣
는다. 미조테 상태로 2시간 끓이면서 수시로 거품을
걷는다.

05 꿩고기와 미르푸아를 으깨면서 시누아로 거르고,
이 육수를 냄비에 담아 끓이면서 위에 뜨는 거품이나
기름을 걷는다. 이것을 다시 한 번 시누아로 거른다.

용도·보관 꿩을 비롯한 조류 지비에요리에 사용한다.
냉장하면 3일, 진공포장하여 냉동하면 2개월 보관 가능.

엔다이브를 넣은 수꿩 가슴살 크림조림

Poitrine de poule faisan à la crème d'endives

지방이 적은 꿩의 가슴살을 크림으로 맛을 내서 부드러움과 깊은 맛을 더한 요리. 조금 쌉쌀한 맛의 엔다이브와 함께 조려서 감칠맛을 더하였다. 꿩고기는 먼저 베이컨과 함께 볶아 지방을 보충하면서 구운 색을 내고, 마데이라로 데글라세한다. 여기에 퐁 드 프장을 넣어 끓이고, 반으로 줄면 엔다이브를 넣고 뚜껑을 덮어 살짝 익힌다. 마지막에 생크림을 넣고 조려 부드러움을 더하며, 이탈리안파슬리로 향과 색을 더한다.

퐁 드 리에브르

fond de lièvre

산토끼 육수

산토끼를 미르푸아와 레드와인으로 마리네하고, 레드와인과 향신료를 넉넉히 넣고 함께 졸여 특유의 향을 잡아준다. 지비에(사냥한 새와 짐승)다운 맛이 진한 육수이다.

재료_ 완성 후 10ℓ

산토끼 2마리(약 3.6㎏)
산토끼의 뼈, 힘줄 부분, 자투리고기 7㎏
닭머리 1㎏
미르푸아
┌ 양파 800g
│ 당근 800g
└ 셀러리 200g
타임 8줄기
월계수잎 2장
정향 10개
파슬리 줄기 5개
레드와인 6ℓ _ 마리네용
레드와인* 6ℓ
퐁 드 지비에(p.42) 5ℓ
물 2ℓ
토마토* 10개
마늘 1통
에샬로트 600g
베이컨 600g
주니퍼베리 30알
검은 통후추 20알
굵은소금 조금
땅콩기름 적당량

* 4ℓ는 끓여서 알코올을 날리고, 나머지 2ℓ는 데글라세에 사용.
* 토마토는 껍질을 벗기고 씨를 제거한다.

만드는 방법

01 산토끼 2마리는 내장을 꺼내고, 산토끼의 뼈, 힘줄, 자투리고기와 닭고기는 토막을 낸다. 미르푸아, 에샬로트, 베이컨은 콩카세한다.

02 산토끼(2마리, 뼈, 힘줄, 자투리고기), 미르푸아, 타임, 월계수잎, 정향, 파슬리 줄기를 트레이에 담고 마리네용 레드와인을 부어 하룻밤 마리네한다.

03 체에 밭쳐 물기를 뺀 후 산토끼 2마리를 잘라서 고기는 요리용으로 떼어두고, 뼈는 콩카세한다.

04 오븐팬에 땅콩기름을 두르고 03에서 콩카세한 뼈를 넣어 240℃ 오븐에 굽는다. 중간에 힘줄과 자투리고기도 넣어 구운 후 체에 밭쳐 데그레세한다.

05 마리네한 산토끼 뼈와 닭머리는 다른 냄비에 땅콩기름을 두르고 노릇하게 구워 데그레세한다.

06 04의 오븐팬과 05의 냄비에 레드와인을 1ℓ씩 넣어 데글라세한 후 시누아로 걸러둔다.

07 마리네한 미르푸아, 마늘, 에샬로트, 베이컨은 프라이팬에 구워 색을 낸다.

08 깊은 냄비에 04, 05, 07을 넣고 퐁 드 지비에와 물을 부어 끓인다. 거품을 걷고 토마토, 주니퍼베리, 굵은소금, 나머지 레드와인, 02의 마리네 국물, 각 재료의 데글라사주를 넣어 3시간 30분 끓이는데, 불을 끄기 전 통후추를 넣어 10분 정도 끓인다.

09 재료를 으깨면서 시누아로 걸러 가열하고, 위에 뜨는 기름과 거품을 걷은 후 다시 시누아로 거른다.

용도 · 보관 산토끼 소스나 조림요리 베이스로 사용. 냉장하면 3일, 진공포장하여 냉동하면 1개월 보관 가능.

퐁 드 마르카생

fond de marcassin

새끼멧돼지 육수

개성이 강하기 때문에 풍미가 조화를 이루도록 미르푸아를 많이 사용하고 주니퍼베리도 넣는다. 젤라틴이 적어서 식어도 조금 물렁하게 굳는다.

재료_ 완성 후 10ℓ
새끼멧돼지의 뼈와 힘줄 부분* 10㎏
미르푸아
- 양파 2㎏
- 당근 1㎏
- 셀러리 500g
- 양송이버섯 800g
- 마늘 1통

화이트와인 2.5ℓ
물 18ℓ
주니퍼베리 20알
부케가르니 1다발
땅콩기름 적당량

*뼈와 힘줄 부분의 알맞은 비율은 7:3

만드는 방법

01 새끼멧돼지의 뼈와 힘줄 부분을 5㎝ 정도 크기로 토막 낸다. 양파, 당근, 셀러리는 각각 1.5㎝ 크기 주사위모양으로 데(dé)한다. 양송이버섯은 카르티에하고, 마늘은 가로로 2등분한다.

02 오븐팬에 땅콩기름을 두르고, 새끼멧돼지의 뼈를 겹치지 않게 놓는다. 230℃ 오븐에서 색이 나도록 뒤집어가며 굽고, 중간에 힘줄 부분도 넣어 구수한 향이 나게 노릇노릇 굽는다.

03 뼈와 힘줄을 체에 밭쳐서 데그레세하고, 오븐팬은 화이트와인을 1/2만 부어서 데글라세한다.

04 프라이팬에 땅콩기름을 두르고, 미르푸아를 넣어 색이 나도록 뭉근히 굽는다. 체에 밭쳐서 데그레세하고, 나머지 화이트와인을 부어 프라이팬을 데글라세한다.

05 깊은 냄비에 새끼멧돼지의 뼈와 힘줄, 미르푸아, 데글라사주를 넣고, 물을 부어 센불로 끓인다. 끓으면 거품을 걷고 약한불로 줄인 후, 주니퍼베리와 부케가르니를 넣어 미조테 상태로 약 4시간 끓인다. 이때도 수시로 거품을 걷는다.

06 국물을 시누아로 걸러서 냄비에 담아 끓이고, 위에 뜨는 거품과 기름을 걷은 후 다시 한 번 시누아로 거른다.

용도·보관 주로 멧돼지조림에 사용. 냉장하면 3일, 진공포장하여 냉동하면 1개월 보관 가능.

퐁 드 오마르

fond de homard

바닷가재 육수

맑은 육수를 얻기 위해서는 싱싱한 바닷가재를 사용하는 것이 가장 중요하다. 마지막에 미역
을 넣어 감칠맛을 더하며, 떫은맛이 나므로 갑각류나 생선 육수는 너무 오래 끓이지 않는다.

재료_ 완성 후 10ℓ
바닷가재 8kg_ 껍데기째
미르푸아
┌ 양파 900g
│ 당근 900g
│ 셀러리 300g
│ 파 300g
│ 양송이버섯 300g
└ 마늘 5쪽_ 껍질째
화이트와인 1.2ℓ
코냑 적당량
퓌메 드 푸아송(p.58) 10ℓ
퐁 드 볼라유(p.32) 3ℓ
완숙 토마토 8개
토마토페이스트 조금

부케가르니 1다발
화이트 미뇨네트 조금
미역 200g
굵은소금 조금
올리브오일 적당량
버터 조금

01 바닷가재는 싱싱한 것을 사용한다.
냉동한 것은 비린내가 나기 쉬우므로 되
도록 피한다. 물로 씻어서 껍데기째 토
막을 내고, 모래주머니를 떼어낸 후 물
기를 제거한다.

02 양파, 당근, 셀러리는 1.5cm 크기
주사위모양으로 데(dé)하고, 파도 같은
크기로 썬다. 양송이버섯은 카르티에한
다. 토마토는 2등분해서 씨를 제거하고,
미역은 물에 담가 소금기를 뺀다.

03 프라이팬에 올리브오일을 둘러서
달구고, 바닷가재를 넣어 약한불로 볶는
다. 색이 잘 나도록 처음에는 뒤적거리
지 말고 그대로 굽는다.

04 껍데기가 붉어지면 불을 줄이고 고루 섞으면서 굽는다. 오일이 부족하면 수시로 넣는다.

05 고소한 향이 나고 알맞게 구운 색이 나면 바닷가재를 체에 밭쳐서 기름기를 뺀다(데그레세).

06 구운 냄비를 불에 올리고 화이트와인을 일부만 붓는다. 화이트와인 대신 물을 넣어도 된다.

07 프라이팬에 붙어 있는 감칠맛을 나무주걱으로 충분히 긁어내고(데글라세) 시누아로 거른다. 거른 육수(데글라사주)는 모아둔다.

08 다른 프라이팬에 올리브오일을 둘러 달구고, 풍미를 낼 버터를 조금 넣는다. 조금 으깬 마늘을 넣어 향을 낸다.

09 양파, 당근, 셀러리를 넣고 중불에서 뭉근하게 볶는다. 자른 면에 고루 색이 나면 수시로 프라이팬을 흔들어 전체를 고루 섞는다.

10 이어서 빨리 익는 파를 넣고, 양송이버섯도 넣어 좀 더 볶는다.

11 오일이 부족하면 타기 쉬우므로, 필요하면 버터나 올리브오일을 더 넣는다. 프라이팬 가장자리에 붙은 채소는 수시로 떼어낸다.

12 전체에 고루 구수하게 탄 색이 나고, 채소의 향이 충분히 배어나오면 불을 끈다.

13 깊은 냄비에 오일을 두르고 바닷가재와 **12**의 채소를 넣어 전체를 대충 섞는다.

14 센불에 올려서 코냑과 나머지 화이트와인을 넣고 알코올을 날린다.

15 데글라사주를 넣고 퓌메 드 푸아송과 퐁 드 볼라유를 붓는다. 퐁 드 볼라유를 넣는 것은 육수에 감칠맛을 더하기 위해서이다.

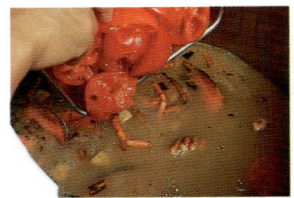

16 토마토와 토마토페이스트를 넣는다. 토마토는 육수에 색과 신맛뿐만 아니라 단맛도 주는 역할을 하므로 완숙 토마토를 사용한다.

17 끓으면 거품을 꼼꼼히 걷는다.

18 부케가르니, 미뇨네트, 굵은소금 조금을 넣는다. 굵은소금은 재료의 맛을 끌어내기 위한 것으로, 맛에 영향을 주지 않도록 조금만 넣는다.

19 약한불로 줄여 미조테 상태로 1시간 30분 정도 끓이면서 수시로 거품을 걷는다.

20 1시간 20분이 지나면(완성 10~15분 전) 미역을 넣는다. 미역은 감칠맛을 주는데, 깔끔하게 감칠맛을 내기 위해 섞지 말고 그대로 끓인다.

21 1시간 30분 후의 퐁 드 오마르. 갑각류는 너무 끓이면 떫은맛이 나므로 1시간 30분 정도 되어 맛을 보고 너무 오래 끓이지 않도록 한다.

22 육수를 시누아로 거르는데, 재료를 밀방망이로 으깨서 바닷가재의 감칠맛이 잘 나오게 한다. 많은 양을 만들 경우에는 구운 바닷가재를 으깨서 졸여도 된다.

23 퐁 드 오마르 완성. 바로 얼음물에 넣어 차게 식힌다. 냉장하면 3일, 바로 사용하지 않을 경우 소분해서 진공포장하여 냉동하면 1개월간 보관 가능.

퐁 드 랑구스틴

fond de langoustine

랑구스틴 육수

랑구스틴(작은 바닷가재 종류)의 머리만 넣어, 진하고 고급스러운 맛과 함께 단맛이 나는 육수.
머리만 한 번에 준비하기 어려울 수 있으므로 요리할 때 남는 것을 냉동실에 보관해둔다.

재료_ 완성 후 10ℓ
랑구스틴 머리 6kg
미르푸아

- 양파 400g
- 당근 400g
- 파 200g
- 양송이버섯 200g
- 마늘 1/2통_ 껍질째

코냑 적당량
화이트와인 1ℓ
퓌메 드 푸아송(p.58) 7ℓ
퐁 드 볼라유(p.32) 1ℓ
물 8ℓ
완숙 토마토 10개
토마토페이스트 조금
부케가르니 1다발
화이트 미뇨네트 조금
굵은소금 조금
올리브오일 적당량

만드는 방법

01 랑구스틴 머리는 물로 씻고 물기를 뺀다. 양파, 당근, 파는 1.5cm 크기 주사위모양으로 데(dé)하고, 양송이버섯은 카르티에한다. 마늘은 살짝 으깨고, 토마토는 반으로 잘라 씨를 제거한다.

02 깊은 냄비에 올리브오일을 두르고 랑구스틴 머리를 볶는다. 껍데기가 붉어지고 알맞게 구운 색이 나면 체에 밭쳐서 데그레세한다. 같은 냄비에 미르푸아를 넣어 충분히 구운 색이 날 때까지 볶는다.

03 랑구스틴 머리를 다시 냄비에 넣고, 코냑과 화이트와인을 넣어 알코올을 날린다.

04 퓌메 드 푸아송, 퐁 드 볼라유, 물을 붓고 센불로 끓인다. 끓으면 거품을 걷고, 약한불로 줄인 후 토마토, 토마토페이스트, 부케가르니, 미뇨네트, 굵은소금을 넣는다. 미조테 상태로 약 1시간 끓이면서 수시로 거품을 걷는다.

05 시누아로 거르는데, 랑구스틴 머리를 으깨서 감칠맛을 완전히 뺀다.

용도·보관 랑구스틴 수프나 소스, 루아얄(달걀찜과 비슷한 요리)의 베이스로 사용한다. 냉장하면 3일, 진공포장하여 냉동하면 1개월 보관 가능.

퐁 드 샹피뇽

fond de champignons

양송이 육수

많은 양의 양송이버섯을 뚜껑을 덮고 약한불에서 졸인 후 오랫동안 뜸을 들여 풍미를 추출한다.
콩소메같이 진한 감칠맛이 있는 맑은 육수로 수프나 채소요리에 감칠맛을 더한다.

재료_ 완성 후 10ℓ

양송이버섯 8kg	월계수잎 2장
물 10ℓ	굵은소금 80g
마늘 7~8쪽_ 껍질째	레몬 2개
타임 4줄기	버터 40g

01 양송이버섯은 1㎜ 두께로 에맹세
한다.

02 마늘, 타임, 월계수잎을 거즈 등으
로 싼다. 레몬은 1㎝ 두께로 둥글게 썰
고, 나중에 건지기 쉽도록 1개 분량씩
실에 꿰어둔다.

03 깊은 냄비에 양송이버섯을 넣고 표
면을 평평하게 만든다. 마늘, 타임, 월계
수잎, 굵은소금, 레몬, 버터를 넣고 준비
한 물을 붓는다.

04 냄비에 알루미늄포일로 완전히 밀
착시켜서 싼 뚜껑을 덮고 약한불로 1시
간 정도 뭉근히 끓인다.

05 1시간 후의 모습. 양송이버섯에서
수분이 나온 것을 알 수 있다. 이 정도로
도 맛이 충분히 나온다.

06 불을 끄고 뚜껑을 덮어서 우리듯이
30~40분 뜸을 들인다. 이렇게 하면 버
섯의 감칠맛뿐만 아니라 향도 더 살아
난다.

07 뜸 들인 상태. 양송이버섯이 잠겨 있고, 육수의 색과 맛도 먼저보다 더 진해진다.

08 레몬, 마늘, 타임, 월계수잎을 건져내고 시누아로 거른다. 양송이버섯은 으깨서 감칠맛을 빼고, 나중에 수프 재료로 쓰거나 다른 퐁을 만들 때 재활용한다.

09 퐁 드 샹피뇽 완성. 얼음물 등에서 재빨리 차게 식히고, 위에 뜬 굳은 기름을 걷는다. 냉장하면 3일, 진공포장하여 냉동하면 2개월 보관 가능.

퐁 드 샹피뇽 사용

카푸치노처럼 거품을 내서 올리고 처빌을 곁들인 가을버섯 루아얄

Royale de champignons d'automne
「Cappuccino」au cerfeuil

「루아얄」은 일반적으로 달걀과 콩소메를 섞어서 중탕하거나, 찜기에 넣고 쪄서 차완무시처럼 단단하게 굳힌 것이다. 여기서는 콩소메 대신 감칠맛이 진한 퐁 드 샹피뇽을 루아얄의 베이스로 하고, 가을버섯과 함께 쪘다. 가을버섯으로는 꾀꼬리버섯, 민자주방망이버섯, 양송이버섯, 송이버섯 등이 있다. 송이버섯은 굽고, 다른 버섯은 향이 나게 소테해서 찐다. 따로 퐁 드 샹피뇽과 생크림을 알맞게 섞어 맛을 내고, 핸드믹서로 카푸치노처럼 거품을 낸다. 이것을 루아얄 위에 올리고 트러플을 뿌린 후 처빌을 올린다. 거품에서도 양송이버섯의 부드러운 향이 나므로 거품이 있을 때 먹도록 한다.

퐁 드 레귐

fond de légumes

채소 육수

채소 데치는 물이나 수프의 베이스 등으로 활용도가 높다. 여기서는 베이컨과 향신료를 넣어 완성도를 높이고, 채소 종류나 양은 표준으로 한다. 남은 채소를 넣어 조금 다르게 만들 수도 있다.

재료_ 완성 후 10ℓ

베이컨 800g

양파 600g

당근 600g

셀러리 200g

파 400g

양배추 400g

물 12ℓ

타임 4줄기

월계수잎 1장

정향 12개

파슬리 줄기 4개

굵은소금 20g

흰 통후추 6g

붉은고추 1개

만드는 방법

01 양파, 당근, 셀러리, 파, 양배추를 5㎜ 두께로 에맹세하고, 베이컨은 덩어리째 그대로 사용한다.

02 깊은 냄비에 01의 채소와 베이컨, 나머지 재료를 모두 넣고 약한불로 끓인다. 끓으면 거품을 걷고 약한불로 줄인 후 미조테 상태로 약 1시간 30분 끓이면서 수시로 거품을 걷는다.

03 시누아로 거른다.

용도·보관 채소 데치는 국물로 사용하거나, 버터나 올리브오일을 넣고 몽테하여 소스로 만든다. 또한, 채소 수프 등의 베이스로도 사용한다. 냉장하면 2일, 진공포장하여 냉동하면 2개월 보관 가능.

쿠르부용

court-bouillon

향미채소 육수

미르푸아(향미채소)와 허브향이 풍부한 육수. 생선이나 갑각류를 미리 데쳐둘 때 사용하거나, 나주의 베이스로 사용한다. 채소나 허브는 가지고 있는 것이나 취향에 따라 조절이 가능하다.

재료_ 완성 후 10ℓ
미르푸아
- 양파 900g
- 당근 900g
- 셀러리 200g
- 에샬로트 200g
- 마늘 1/2통

화이트와인 500cc
화이트와인비네거 200cc
물 10ℓ
타임 3줄기
월계수잎 1장
정향 5개
파슬리 줄기 3개
굵은소금 90g
흰 통후추 15g

만드는 방법

01 양파, 당근, 셀러리, 에샬로트를 5mm 두께로 에맹세하고, 마늘은 가로로 2등분해서 준비한다.

02 깊은 냄비에 화이트와인, 화이트와인비네거, 물을 붓고 미르푸아, 타임, 월계수잎, 정향, 파슬리 줄기, 굵은소금을 넣어 센불로 끓인다.

03 끓으면 거품을 걷어내고 약한불로 줄인 후 미조테 상태로 약 20분 끓이면서 수시로 거품을 걷는다.

04 통후추를 넣고 미조테 상태를 유지하도록 불조절하을 하며 10분 더 졸인다.

05 불을 끄고 상온에서 그대로 식힌 후 시누아로 거른다.
용도·보관 갑각류를 포셰하는 국물, 또는 어패류 나주를 만드는 베이스로 사용한다. 2일간 냉장보관 가능. 짧은 시간에 만드는 육수이므로 가능하면 자주 만든다.

퓌메 드 푸아송

fumet de poisson

생선 육수(쉬에)

입에 넣자마자 쉬에한 생선의 고소한 향이 퍼지는 퓌메. 쉬에를 하지 않은 것보다 깊은 맛이 있다. 생선의 향을 보다 강조하고 싶을 때 사용한다.

재료_ 완성 후 10ℓ

흰살생선 뼈 5kg	파 200g	부케가르니 1다발
양파 200g	양송이버섯 200g	화이트 미뇨네트 조금
당근 200g	에샬로트 100g	굵은소금 적당량
셀러리 100g	물 12ℓ	올리브오일 적당량
	화이트와인 1.5ℓ	버터 조금

01 도미, 혀가자미, 농어 등의 흰살생선 뼈를 사용한다(양식은 비린내가 날 수 있으므로 되도록 피한다). 최소 30분 물에 담가두어 핏물과 뼈 사이의 불순물을 제거하고 물기를 뺀다.

02 양파, 당근, 셀러리, 파, 양송이버섯, 에샬로트는 모두 2~3㎜ 두께로 에맹세한다.

03 냄비를 중불에 올려서 올리브오일을 두르고, 풍미가 나도록 버터를 넣는다. 채소를 한꺼번에 넣는다.

04 채소가 고루 기름과 섞이면 향이 나오게 쉬에한다.

05 채소가 부드러워지고 양파가 투명해지면 흰살생선 뼈를 넣는다. 채소와 생선이 잘 섞이도록 냄비 바닥부터 저어 섞는다. 섞으면 뼈도 익어서 비린내를 줄이는 효과가 있다.

06 어느 정도 섞이면 조심스럽게 화이트와인을 붓고, 일단 센불에 끓여서 알코올을 날린다.

07 준비한 물을 붓고 센불로 끓인다.

08 위에 뜨는 거품을 꼼꼼히 걷는다. 불을 줄이고 부케가르니, 미뇨네트, 굵은소금을 넣어 미조테 상태로 20~25분 끓인다.

09 20분 후의 상태. 싱싱한 생선뼈를 사용하면 점차 육수가 맑아진다. 맛을 확인하고 불을 끈 후 부케가르니는 건져낸다. 생선류의 육수는 장시간 끓이면 떫은맛이 나오므로 절대 오래 끓이지 않는다.

10 시누아로 거른다. 퓌메 드 푸아송은 거르고 남은 재료를 으깨면 생선의 비린내와 떫은맛이 나오고 탁해지므로, 국물이 자연스럽게 걸러지게 한다.

11 퓌메 드 푸아송 완성. 얼음물에 넣어서 빨리 차게 식힌다. 가능하면 만든 날 모두 사용한다. 냉장하면 2일, 금방 사용하지 않을 것은 소분해서 진공포장하여 냉동하면 1개월 보관 가능.

글라스 드 푸아송

glace de poisson

생선 글라스

퓌메 드 푸아송을 국물이 엉길 때까지 천천히 졸여 맛과 농도를 응축시킨 것. 감칠맛과 깊은 맛이 농축된 진액으로, 소스 등의 마무리 단계에 조금 넣는다.

재료_ 완성 후 약 1ℓ

퓌메 드 푸아송(p.58) 20ℓ

만드는 방법

01 냄비에 퓌메 드 푸아송을 넣고, 거품을 걷으면서 미조테 상태로 뭉근히 끓인다. 국물이 줄어들면 작은 냄비로 옮겨서 더 졸인다.

02 1ℓ 정도로 졸면 시누아로 거르고, 트레이에 담아서 식혀 굳힌다.

용도·보관 생선 소스, 어패류 무스, 크넬에 깊은 맛을 낼 때 사용한다. 5일간 냉장보관 가능.

퓌메 드 푸아송 오르디네르

fumet de possion ordinaire

생선 육수(쉬에 안 함)

「맛있는 향」이라는 의미도 있는 퓌메(fumet). 이름처럼 생선의 향이 잘 배어나온 육수가 퓌메 드 푸아송이다. 생선을 쉬에(suer)하지 않기 때문에 투명한 하얀색이다.

재료_ 완성 후 10ℓ

흰살생선 뼈   5kg

미르푸아

┌ 양파   200g

│ 당근   200g

│ 셀러리   100g

│ 파   200g

│ 양송이버섯   200g

└ 에샬로트   100g

물   12ℓ

부케가르니   1다발

굵은소금   적당량

화이트 미뇨네트   조금

만드는 방법

01 흰살생선 뼈를 최소 30분 물에 담가두어 핏물과 불순물을 제거하고 물기를 뺀다. 양파, 당근, 셀러리, 파, 양송이버섯, 에샬로트는 2~3㎜ 두께로 에맹세한다.

02 깊은 냄비에 흰살생선 뼈와 미르푸아, 물, 굵은소금, 미뇨네트를 넣어 끓인다.

03 끓으면 거품을 걷고 약한불로 줄인 후 부케가르니를 넣는다. 미조테 상태로 20~25분 끓이면서 수시로 거품을 걷는다.

04 시누아로 거른다.

용도·보관 어패류요리의 소스나 수프의 베이스로 사용한다. 가능하면 만든 날 모두 사용하는데, 냉장하면 2일, 진공포장하여 냉동하면 1개월 보관 가능.

퓌메 드 클람

fumet de clam

조개 육수

대합 이외에 장어도 넣는 것은 고(故) 알랭 샤펠(Alain Chapel)이 일본에서 얻은 아이디어. 조개의 풍미를 잃지 않으면서 깔끔한 감칠맛을 내며, 어패류 수프나 조림의 베이스로 사용한다.

재료_ 완성 후 10ℓ
대합 4kg
장어 3kg

미르푸아
┌ 양파 1kg
│ 당근 1kg
│ 셀러리 250g
└ 파 500g

화이트와인 2.4ℓ
퓌메 드 푸아송(p.58) 18ℓ
부케가르니 1다발
올리브오일 적당량

01 대합을 소금물에 하룻밤 담가 해감한다. 체에 밭쳐서 물기를 빼고, 하나씩 두드려서 소리로 신선도를 확인한다.

02 장어는 물로 씻어 표면의 점액질을 제거한다. 내장을 제거하고 흐르는 물에 씻어 핏물을 뺀 후, 물기를 빼서 4~5cm 길이로 토막 낸다.

03 양파, 당근, 셀러리, 파는 모두 2~3mm 두께로 에맹세한다.

04 냄비에 올리브오일을 두르고 미르푸아를 넣어 채소향이 나도록 쉬에한다.

05 채소가 투명해지면 대합을 넣고 전체를 고루 섞는다.

06 화이트와인을 붓고 일단 센불로 알코올을 날린다.

07 대합 껍데기가 벌어지면 장어를 넣고, 장어가 국물에 잠기게 표면을 만진다.

08 퓌메 드 푸아송을 붓고 센불에 계속 끓인다.

09 거품이 생겨 위에 뜨므로 꼼꼼하게 걷는다.

10 약한불로 줄이고 부케가르니를 넣는다. 불조절을 하여 표면이 조금 보글보글 끓는 미조테 상태를 유지하면서 뭉근히 끓인다.

11 끓기 시작한 지 15분 후의 상태. 사진과 같이 끓이고, 거품이 생기면 수시로 걷는다.

12 25분 후의 상태. 감칠맛이 나오고 장어의 껍질이 벗겨진다. 맛을 확인하고 됐으면 불을 끈다. 오래 끓이면 떫은맛이 나오므로 20~25분 끓이는 것을 기준으로 한다.

13 먼저 시누아로 거른다. 육수가 탁해지고 비린내가 날 수 있으므로 거르고 남은 재료는 으깨지 않고 국물이 자연스럽게 걸러지게 한다. 거르고 남은 재료로 2번째 육수를 뽑아도 좋은데, 이때는 물 5ℓ를 부어 25~30분 끓인다.

14 시누아로 거른 육수를 다시 한 번 면보자기에 거른다. 이것은 대합 안의 모래를 완전히 걸러내기 위해서이다.

15 퓌메 드 클람 완성. 풍미가 날아가지 않도록 바로 냉각시킨다. 가능하면 만든 날 모두 사용하는 것이 좋다. 냉장하면 2일, 진공포장하여 냉동하면 1개월 보관 가능.

퓌메 드 클람 사용

구운 농어와
허브를 넣은 여름채소 수프

Filet de bar grillé au four,
légumes d'été 「minestrone」aux fines berbes

퓌메 드 클람으로 수프를 만들어, 바다의 향과 단맛을 고스란히 담
은 한 그릇. 수프의 감칠맛에 가려지지지 않도록, 주재료인 생선으
로 향이 진한 농어를 사용하였다. 농어 필레는 껍질을 벗겨 리졸레
하고, 껍질이 붙어 있던 부분에 피스타치오, 바질, 앤초비, 올리브
오일을 믹서에 간 페이스트를 발라서 오븐에 구워 향을 더한다. 수
프는 베이컨, 피망, 주키니, 가지 등의 여름채소를 볶다가, 퓌메 드
클람과 퐁 드 레귐(p.56)을 부어 가볍게 끓인 것이다. 2종류의 육수
를 섞어서 생선과 채소가 모두 잘 어울린다. 깊은 풍미가 있는 퓌메
드 클람이 자칫 제각각으로 맛을 내기 쉬운 개성 있는 여름채소들이
조화롭게 잘 어우러지게 만들어준다.

퓌메 드 클람 푸르 부야베스

fumet de clam pour bouillabaisse

부야베스용 조개 육수

프랑스 남부의 명물요리인 부야베스에 사용하는 육수. 바지락과 대합을 비롯하여 다양한 어패류의 감칠맛이 가득 들어 있다. 셀러리를 듬뿍 넣어 갑각류의 향과 조화를 이룬다.

재료_ 완성 후 10ℓ

바지락 2kg
대합 1kg
장어 3kg
랑구스틴 머리 1kg
미르푸아
┌ 양파 800g
│ 당근 800g
│ 셀러리 400g
│ 파 400g
└ 마늘 1통_ 껍질째
화이트와인 750cc
퓌메 드 푸아송(p.58) 12ℓ
부케가르니 1다발
올리브오일 적당량

만드는 방법

01 바지락과 대합을 하나씩 두드려 신선도를 확인한다. 소금물에 하룻밤 담가서 해감하고 물로 씻는다. 장어는 5~6cm 너비로 토막을 내고, 랑구스틴 머리는 물로 씻어둔다.

02 양파, 당근, 셀러리, 파는 2~3mm 두께로 에맹세하고, 마늘은 살짝 으깬다.

03 올리브오일을 두른 프라이팬에 랑구스틴 머리를 넣어 조금 붉은색이 나게 볶고, 체에 밭쳐서 기름기를 뺀다.

04 올리브오일을 두른 깊은 냄비에 미르푸아를 넣어 조금 색이 나게 볶는다. 여기에 바지락과 대합을 넣고 화이트와인을 붓는다.

05 바지락과 대합이 입을 벌리면 장어와 볶은 랑구스틴 머리를 넣고 퓌메 드 푸아송을 붓는다. 센불로 한소끔 끓이고, 거품을 걷은 후 약한불로 줄인다. 부케가르니를 넣고 미조테 상태로 30~40분 끓이면서 수시로 거품을 걷는다.

06 시누아로 거른다

용도·보관 부야베스의 베이스로 사용한다. 냉장하면 3일, 진공포장하여 냉동하면 1개월 보관 가능.

퓌메 드 코키유 생자크

fumet de coquille St-Jacques

가리비 육수

가리비 특유의 감칠맛과 단맛을 맛볼 수 있는 육수. 특유의 풍미를 살리기 위해 당근과 셀러리 같이 향이 강한 채소는 피하고, 잘 어울리는 양송이버섯을 듬뿍 넣는다.

재료_ 완성 후 10ℓ

가리비 날개부분과 살* 7kg

미르푸아

┌ 양파 500g
│ 에샬로트 200g
└ 양송이버섯 700g

화이트와인 750㏄

물 8ℓ

부케가르니 1다발

굵은소금 적당량

올리브오일 적당량

*가리비를 다른 요리에 사용하고 남은
자투리 부분을 사용한다.
내장은 사용하지 않는다.

만드는 방법

01 양파, 에샬로트, 양송이버섯을 2~3㎜ 두께로 에맹세한다.

02 깊은 냄비에 올리브오일을 두르고 미르푸아를 넣어 쉬에한다.

03 가리비를 넣고 고루 섞은 후 화이트와인을 붓고 센불로 알코올을 날린다.

04 물을 부어 끓이고 거품을 모두 걷는다. 약한불로 줄인 후 부케가르니와 굵은소금을 넣고, 미조테 상태로 약 20분 끓인다(끓이는 동안 가리비에서도 수분이 나온다). 거품은 수시로 걷는다.

05 시누아로 거른다.

용도·보관 조개류의 수프나 소스의 베이스로 사용한다. 냉장하면 3일, 진공포장하여 냉동하면 1개월 보관 가능.

쥐 다뇨

jus d'agneau

새끼양고기 육즙소스

쥐를 만드는 과정은 퐁과 비슷하지만, 재료의 풍미를 더 살리는 것이 특징. 뼈와 고기에 소금을 뿌리고, 갈색으로 구워 감칠맛과 향을 낸다. 여분의 기름을 제거하여 깔끔하게 만든다.

재료_ 완성 후 10ℓ
새끼양고기 뼈 3kg
새끼양 힘줄 부분과 자투리고기*
  600g
미르푸아
┌ 양파 300g
│ 당근 300g
│ 셀러리 100g
│ 에샬로트 5개
│ 양송이버섯 200g
└ 마늘 5쪽_ 껍질째
화이트와인 400cc
물 4ℓ
완숙 토마토 3개
타임 3줄기

월계수잎 1장
블랙 미뇨네트 조금
소금 조금
굵은소금 조금
버터 적당량
땅콩기름 적당량

* 송아지 힘줄(스지)이 있으면
쥐에 감칠맛을 내기 위해 함께 넣는다.

01 새끼양고기의 뼈는 식칼로 크게 자르고, 힘줄과 자투리고기는 4~5㎝ 크기로 토막 낸다.

02 양파, 당근, 셀러리, 에샬로트는 1㎝ 크기 주사위모양으로 데(dé)하고, 양송이버섯은 카르티에한다. 마늘은 살짝 으깨고, 토마토는 콩카세한다.

03 냄비에 땅콩기름을 둘러 달군 후 마늘을 넣어 향을 내고, 새끼양고기 뼈를 넣는다.

04 소금을 조금 뿌리고, 겉에 갈색이 나도록 센불로 뭉근하게 굽는다. 이때 소금을 뿌리는 것은, 새끼양고기의 감칠맛을 뽑기 위해서이다. 다른 쥐를 만들 때도 처음에 소금을 조금 뿌리는 것이 좋다.

05 냄비에 닿은 면이 갈색이 되면 전체를 고루 섞는다. 힘줄과 자투리고기를 넣고 소금을 조금 뿌려서 처음에는 중불에서 고기를 뒤적이지 말고 그대로 색이 나게 굽는다.

06 힘줄에도 색이 나면 바닥에서부터 들어올리듯이 전체를 섞는다. 이제 양고기에서 기름이 나오는데, 타지 않도록 불조절을 하면서 구우면 기름이 투명하다.

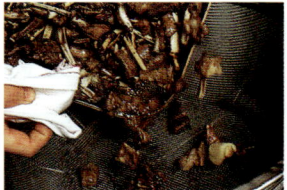

07 전체에 구수하게 갈색이 나면 체에 밭쳐서 데그레세하고, 냄비를 다시 불에 올린다.

08 07의 냄비에 버터를 녹이고 미르푸아를 넣는다. 채소의 수분으로 냄비에 붙어 있는 새끼양의 쉬크(눌어붙은 육즙)를 떼어내기 위해 뭉근히 볶는다.

09 채소에도 고루 색이 나면 데그레세한 새끼양의 뼈와 고기를 다시 넣고 전체를 고루 잘 섞는다.

10 화이트와인을 부어 전체에 고루 퍼지게 섞으면서 냄비를 데글라세하고 알코올을 날린다.

11 물을 붓고 뼈와 채소가 잠기게 표면을 다듬어서 센불로 끓인다. 토마토도 넣는다.

12 끓으면 거품과 여분의 기름이 나오므로 완전히 걷는다. 거품이 남아 있으면 계속 잡내가 나므로 완전히 걷어야 한다.

13 약한불로 줄이고 타임, 월계수잎, 미뇨네트, 굵은소금을 넣어 미조테 상태로 1시간 30분 정도 뭉근히 끓이는데, 이때 물은 더 넣지 않는다. 거품이 생기면 수시로 걷는다.

14 맛을 봐서 충분히 감칠맛이 나면 굵기가 다른 시누아 2개를 겹쳐놓고 거르는데, 뼈와 채소를 으깨서 감칠맛을 뺀다.

15 거른 국물은 냄비에 옮겨 담아 다시 끓인다. 위에 기름이 뜨므로 꼼꼼히 걷는다. 이것을 소홀히 하면 식었을 때 쥐가 탁해지거나 잡내가 나므로 매우 중요하다. 끓이는 시간은 5분 정도가 좋다.

 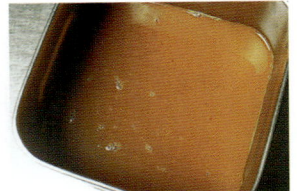 

16 기름을 제거한 후 다시 한 번 시누아로 거른다.

17 완성된 쥐. 퐁보다 맛이 진하고 입에 넣으면 새끼양의 향이 가득 퍼진다. 주로 새끼양요리 소스의 베이스로 사용한다.

18 쥐는 빨리 얼음물에 넣어 차게 식힌다. 냉장하면 3일, 진공포장하여 냉동하면 1개월 보관 가능.

쥐 다뇨 사용

트러플과 양송이버섯을 입힌
새끼양고기 푸알레와
타임 풍미의 쥐

Côtelette d'agneau poêlée
aux truffes et aux champignons,
servie avec son jus au thym

쥐는 졸이기만 해도 소스가 될 정도로 맛의 완성도가 높다. 이런 풍미를 살리기 위해서도 쓸데없이 여러 재료를 넣지 않고 심플하게 소스를 만드는 것이 가장 좋다. 여기서는 가볍게 졸인 쥐 다뇨에 새끼양고기와 잘 어울리는 타임을 넣고, 뚜껑을 덮어서 불을 끄고 향을 추출하였다. 시누아로 거르고, 버터로 가볍게 몽테하여 완성한다. 새끼양의 등심 겉면에 묻힌 것은, 양송이버섯과 트러플을 아세한 것이다. 버터로 푸알레하여 향을 내고, 은은하게 타임 향이 나는 소스로 맛을 냈다. 곁들인 것은 아티초크와 라타투이로 속을 채운 토마토, 그리고 양파 퐁뒤로 맛을 낸 감자. 프랑스 남부 스타일의 요리이다.

쥐 드 보

jus de veau

송아지 육즙소스

송아지의 부드러운 향과 단맛을 가진 쥐. 재료에 강한 개성이 없으므로 알코올 이외에 비네거도 넣고 데글라세한 후 끓여서 단맛을 낸다.

재료_ 완성 후 1ℓ

송아지 힘줄(스지) 2kg

미르푸아

┌ 양파 150g

│ 당근 150g

│ 에샬로트 150g

│ 셀러리 100g

│ 파 100g

└ 마늘 2쪽_ 껍질째

화이트와인비네거 100cc

화이트와인 200cc

퐁 드 보(p.28) 2ℓ

토마토 2개

부케가르니 1다발

굵은소금 조금

버터 적당량

만드는 방법

01 송아지 힘줄을 4~5cm 크기로 토막 낸다. 양파, 당근, 에샬로트, 셀러리는 1cm 크기 주사위모양으로 데(dé)하고, 파는 2cm 너비로 썬다. 마늘은 살짝 으깨고, 토마토는 끓는 물에 넣었다 빼서 껍질을 벗기고 반으로 잘라 씨를 제거한다.

02 프라이팬에 버터를 두르고 송아지 힘줄을 넣어 갈색이 나게 굽는다. 갈색이 나면 체에 밭쳐서 데그레세한 후 다른 냄비에 담는다.

03 02의 프라이팬에 버터를 넣고 미르푸아를 넣어 볶는다. 고루 색이 나면 데그레세하여 송아지 힘줄이 있는 냄비에 담는다.

04 냄비에 화이트와인비네거를 넣고, 화이트와인도 부어 센불로 알코올을 날린다. 끓으면 약한불로 줄여 수분이 없게 졸인다.

05 퐁 드 보를 부어 끓이고 거품을 걷는다. 약한불로 줄인 후 굵은소금, 토마토, 부케가르니를 넣고, 미조테 상태로 1시간 30분~2시간 30분 끓이면서 수시로 거품을 걷는다.

06 굵기가 다른 시누아를 2개 겹쳐놓고 힘줄을 으깨면서 거른다. 거른 쥐를 냄비에 담아 끓이고, 위에 뜨는 거품과 기름을 걷은 후 다시 시누아로 거른다.

용도·보관 송아지요리 소스의 베이스로 사용한다. 냉장하면 3일, 진공포장하여 냉동하면 1개월 보관 가능.

쥐 드 뵈프

jus de bœuf

쇠고기 육즙소스

다 자란 소의 강한 향과 감칠맛 그리고 젤라틴을 가진 육즙소스. 퐁 드 보만으로는 너무 농후하므로, 퐁 드 볼라유를 함께 넣고 졸여 맛의 균형을 잡는다.

재료_ 완성 후 약 1ℓ

쇠고기 힘줄(스지) 5kg

미르푸아

┌ 양파 300g
│ 당근 300g
│ 셀러리 150g
│ 양송이버섯 250g
└ 마늘 1/2통_ 껍질째

레드와인 750cc

퐁 드 보(p.28) 2ℓ

퐁 드 볼라유(p.32) 2ℓ

토마토 5개

부케가르니 1다발

굵은소금 조금

검은 통후추 조금

식용유 적당량

만드는 방법

01 쇠고기 힘줄을 4~5㎝ 크기로 토막 낸다. 양파, 당근, 셀러리를 1.5㎝ 크기 주사위모양으로 데(dé)하고, 양송이버섯은 카르티에한다. 마늘은 살짝 으깨고, 토마토는 끓는 물에 넣었다 빼서 껍질을 벗기고 반으로 잘라 씨를 제거한다.

02 큰 냄비에 식용유를 둘러 달구고 쇠고기 힘줄을 넣는다. 굵은소금을 조금 뿌려서 겉이 구수하게 갈색이 나게 볶고, 체에 받쳐서 데그레세한다.

03 02의 냄비에 식용유를 두르고, 미르푸아를 넣어 볶는다. 구수하게 색이 나면 쇠고기 힘줄을 다시 넣고 고루 섞는다. 레드와인을 부어 데글라세하고, 센불에서 알코올을 날린다. 약한불로 줄이고 수분이 없어질 때까지 졸인다.

04 퐁 드 보와 퐁 드 볼라유를 붓고 센불로 끓이면서 거품을 걷는다. 토마토, 부케가르니, 통후추를 넣고, 약한불에서 미조테 상태로 1시간 30분 끓이면서 수시로 거품을 걷는다.

05 굵기가 다른 시누아를 2개 겹쳐놓고 재료를 으깨면서 거른다. 거른 쥐를 냄비에 담아 끓이면서 위에 뜨는 거품과 기름을 꼼꼼히 걷고, 다시 한 번 시누아로 거른다.

용도·보관 대부분의 육류요리 소스의 베이스로 사용한다. 냉장하면 3일, 진공포장하여 냉동하면 1개월 보관 가능.

쥐 드 볼라유

jus de volaille

닭고기 육즙소스

닭고기 베이스의 부드럽고 감칠맛 나는 육즙소스. 개성이 강하지 않아 다양한 가금류요리에 사용할 수 있으므로 활용도가 높다는 점도 매력이다. 닭고기와 미르푸아는 각각 따로 익혀도 좋다.

재료_ 완성 후 약 1ℓ

닭머리 5㎏

미르푸아

- 양파 300g
- 당근 300g
- 셀러리 100g

레드와인 1.2ℓ

퐁 드 볼라유(p.32) 5ℓ

타임 2줄기

월계수잎 1장

굵은소금 조금

화이트 미뇨네트 조금

버터 적당량

만드는 방법

01 닭머리를 5㎝ 정도로 토막 낸다. 양파, 당근, 셀러리는 1㎝ 크기 주사위모양으로 데(dé)한다.

02 큰 냄비에 버터를 녹이고 닭고기를 넣은 후 굵은소금을 뿌려 뭉근하게 볶는다. 중간에 미르푸아를 넣어 함께 색이 나게 볶는다.

03 구수한 갈색이 나면 체에 밭쳐서 데그레세하여 냄비에 모두 담는다. 레드와인을 붓고 데글라세한 후 센불로 알코올을 날린다.

04 퐁 드 볼라유를 부어 끓이고 거품을 걷는다. 약한불로 줄인 후 타임, 월계수잎, 굵은소금, 미뇨네트를 넣고, 미조테 상태로 1시간 30분~2시간 끓이면서 수시로 거품을 걷는다.

05 굵기가 다른 시누아를 2개 겹쳐놓고 재료를 으깨면서 거른다. 거른 쥐를 냄비에 담아 끓이면서 위에 뜨는 거품과 기름을 걷고, 다시 한 번 시누아로 거른다.

용도·보관 지비에를 포함한 대부분의 가금류요리 소스의 베이스로 사용한다. 또한 닭고기로 만든 샐러드의 드레싱에 넣어 감칠맛을 더한다. 냉장하면 3일, 진공포장하여 냉동하면 1개월 보관 가능.

쥐 드 팽타드

jus de pintade

뽈닭 육즙소스

질리지 않는 담백한 뽈닭 육즙소스는 은은한 맛이며 단맛도 있다. 고기는 코냑이나 마데이라로 데글라세하고, 마지막에 글라스 드 비앙드를 넣어 깊은 맛을 더한다.

재료_ 완성 후 10ℓ

뽈닭뼈 3kg

미르푸아

┌ 양파 200g

│ 당근 200g

│ 셀러리 100g

└ 마늘 2쪽_ 껍질째

코냑 30cc

마데이라 30cc

레드와인 500cc

퐁 드 볼라유(p.32) 4ℓ

글라스 드 비앙드(p.33) 15g

부케가르니 1다발

굵은소금 조금

버터 적당량

만드는 방법

01 뽈닭뼈를 5~6㎝ 크기로 토막 낸다. 양파, 당근, 셀러리는 1㎝ 크기 주사위모양으로 데(dé)하고, 마늘은 살짝 으깬다.

02 큰 냄비에 버터를 녹이고 뽈닭뼈를 넣은 후 굵은소금을 뿌려서 겉에 구수한 갈색이 나게 볶는다. 체에 밭쳐서 데그레세한다.

03 02의 냄비에 버터를 넣고 미르푸아를 넣어 갈색이 나도록 볶은 후 체에 밭쳐서 데그레세한다.

04 볶던 냄비에 뽈닭뼈와 미르푸아를 다시 담고, 코냑과 마데이라를 넣어 데글라세한다. 레드와인을 붓고 센 불로 알코올을 날린다.

05 퐁 드 볼라유를 붓고 끓여서 거품을 걷는다. 약한 불로 줄인 후 부케가르니와 굵은소금을 넣고, 미조테 상태로 약 2시간 끓이면서 수시로 거품을 걷는다. 마지막에 글라스 드 비앙드를 넣는다.

06 굵기가 다른 시누아를 2개 겹쳐놓고 뽈닭뼈, 미르푸아 등의 재료를 으깨면서 거른다. 거른 쥐를 냄비에 담아 끓이면서 위에 뜨는 거품과 기름을 걷고, 다시 한 번 시누아로 거른다.

용도·보관 뽈닭 소스의 베이스나, 뽈닭으로 만든 샐러드의 드레싱에 넣어 감칠맛을 더한다. 냉장하면 3일, 진공포장하여 냉동하면 1개월 보관 가능.

쥐 드 카나르

jus de canard

오리 육즙소스

오리의 향이 풍부하고 감칠맛이 진한 육즙소스. 오리는 로스트, 콩피, 테린 등으로 조리법이 다양하며, 소스는 물론 여러 요리에 감칠맛과 깊은 맛을 내는 데 사용한다.

재료_ 완성 후 1ℓ

오리뼈 3.5kg

미르푸아

┌ 양파 200g
│ 당근 200g
│ 셀러리 70g
└ 양송이버섯 150g

레드와인 1.5ℓ

퐁 드 볼라유(p.32) 3.5ℓ

부케가르니 1다발

굵은소금 조금

블랙 미뇨네트 조금

버터 적당량

만드는 방법

01 오리를 5~6cm 크기로 토막 낸다. 양파, 당근, 셀러리는 1cm 크기 주사위모양으로 데(dé)하고, 양송이버섯은 카르티에한다.

02 큰 냄비에 버터를 녹여 오리를 넣고, 굵은소금을 조금 뿌려서 센불로 볶는다. 중간에 미르푸아를 넣어 함께 갈색으로 볶는다.

03 구수한 갈색이 나면 체에 밭쳐서 데그레세한다. 볶던 냄비에 오리뼈와 미르푸아를 다시 담고 레드와인을 부어 데글라세하고, 센불로 알코올을 날린다.

04 퐁 드 볼라유를 붓고 끓여서 거품을 걷는다. 약한 불로 줄인 후 부케가르니, 굵은소금, 미뇨네트를 넣고, 미조테 상태로 1시간 30분~2시간 끓이면서 수시로 거품을 걷는다.

05 굵기가 다른 시누아를 2개 겹쳐놓고 오리뼈, 미르푸아 등의 재료를 으깨면서 거른다. 거른 쥐를 냄비에 담아 끓이면서 위에 뜨는 거품과 기름을 걷고, 다시 한 번 시누아로 거른다.

용도 · 보관 오리요리 소스의 베이스로 사용한다. 또한 오리로 만든 샐러드의 드레싱이나 테린, 파르스, 크넬에 넣어 감칠맛을 더한다. 냉장하면 3일, 진공포장하여 냉동하면 1개월 보관 가능.

쥐 드 피죵

jus de pigeon

비둘기 육즙소스

향은 강하지 않지만, 진한 감칠맛이 있는 비둘기 육즙소스. 젤라틴이 많아 뒷맛이 강하게 남는다. 퐁 드 볼라유 대신 퐁 드 피죵을 사용해도 좋다.

재료_ 완성 후 1ℓ

비둘기뼈 3kg

미르푸아

- 양파 200g
- 당근 200g
- 셀러리 60g
- 마늘 2쪽_ 껍질째

코냑 40cc

마데이라 40cc

레드와인 600cc

퐁 드 볼라유(p.32) 3ℓ

타임 1줄기

월계수잎 1장

굵은소금 적당량

버터 적당량

식용유 적당량

만드는 방법

01 비둘기뼈를 3~4cm 크기로 토막 낸다. 양파, 당근, 셀러리는 1cm 크기 주사위모양으로 데(dé)하고, 마늘은 살짝 으깬다.

02 냄비에 버터와 식용유를 두르고 비둘기뼈를 넣어 갈색으로 볶는다. 중간에 미르푸아를 넣어 전체가 고루 구수한 갈색이 나도록 볶는다. 체에 밭쳐서 데그레세하여 볶던 냄비에 다시 담는다.

03 코냑과 마데이라를 넣어 데글라세하고, 레드와인을 부어 센불로 알코올을 날린다.

04 퐁 드 볼라유를 부어 끓이고 거품을 걷는다. 약한 불로 줄인 후 타임, 월계수잎, 굵은소금을 넣고, 미조테 상태로 1시간 30분~2시간 끓이면서 수시로 거품을 걷는다.

05 굵기가 다른 시누아를 2개 겹쳐놓고 비둘기뼈, 미르푸아 등의 재료를 으깨면서 거른다. 거른 쥐를 다시 냄비에 담아 끓이면서 위에 뜨는 거품과 기름을 걷고, 다시 한 번 시누아로 거른다.

용도·보관 비둘기요리의 소스나 비둘기로 만든 샐러드의 드레싱에 사용한다. 또는 비둘기 테린, 파르스에 넣어 감칠맛을 더한다. 냉장하면 3일, 진공포장하여 냉동하면 1개월 보관 가능.

쥐 드 피죵 사용

베이컨으로 만 새끼비둘기 가슴살 로티르와
안심 콩피 & 그뤼에르치즈구이를 곁들인 2종류의 콩 리소토

Rôti de poitrine de pigeon enrobée de lard fumé et ses cuisses confites,
risotto aux deux baricots recouvert d'un chapeau de Gruyère

비둘기 가슴살과 안심의 촉촉함을 맛볼 수 있는 요리. 지방이 적은
가슴살은 껍질을 벗기고, 달걀흰자와 생크림을 섞은 무스를 바른
다. 이것을 베이컨으로 말아 감칠맛과 지방을 보충하고, 뭉근하게
구워 겉은 바삭하고 안은 촉촉하게 만들었다. 안심은 콩피하여 겉을
바삭하게 굽는다. 곁들이는 소스는 2가지이다. 하나는, 쥐 드 피죵
에 소스 보르드레즈(p.172)를 넣고 가볍게 조려서 버터로 몽테한 소
스이며 진한 맛을 표현하였다. 또 하나는, 생크림을 더한 퐁 드 샹
피뇽(p.54). 핸드믹서로 거품을 내서 가볍게 만들었다. 버섯과 오리
는 궁합이 좋을 뿐만 아니라 계절감도 나타낼 수 있는 조합이다. 곁
들인 것은 흑백 2종류의 콩을 넣은 리소토. 그뤼에르치즈에 밀가루,
올리브오일, 물을 넣고 모자모양으로 구워서 리소토에 씌웠다.

쥐 드 카유

jus de caille

메추라기 육즙소스

메추라기에 닭머리를 넣어 잡내가 없고 불쾌감이 없는 산뜻한 감칠맛이다. 식감은 부드럽지만, 깊은 맛을 진하게 느낄 수 있다. 데글라세에 사용하는 코냑은 메추라기와 잘 맞는다.

재료_ 완성 후 약 1ℓ

메추라기 3kg

닭머리 1kg

미르푸아

┌ 양파 200g

│ 당근 200g

│ 셀러리 60g

└ 양송이버섯 140g

코냑 60cc

레드와인 1ℓ

퐁 드 볼라유(p.32) 4.5ℓ

부케가르니 1다발

굵은소금 조금

화이트 미뇨네트 적당량

버터 적당량

식용유 적당량

만드는 방법

01 메추라기를 해체하여 머리와 내장을 제거하고, 뼈째 3~4㎝ 크기로 토막 낸다. 닭머리도 같은 크기로 자른다. 양파, 당근, 셀러리는 8㎜ 크기 주사위모양으로 데(dé)하고, 양송이버섯은 카르티에한다.

02 큰 냄비에 버터와 식용유를 두르고 메추라기와 닭머리를 넣은 후 굵은소금을 뿌려 갈색으로 볶는다. 체에 밭쳐서 데그레세한다.

03 02의 냄비에 버터를 더 넣고, 미르푸아를 넣어 색이 나게 볶는다. 메추라기와 닭머리를 다시 넣고 고루 섞는다.

04 코냑을 부어 센불로 데글라세한 후 레드와인을 붓고 알코올을 날린다.

05 퐁 드 볼라유를 붓고 끓으면 거품을 걷는다. 약한 불로 줄인 후 부케가르니, 굵은소금, 미뇨네트를 넣고, 미조테 상태로 1시간 30분~2시간 끓이면서 수시로 거품을 걷는다.

06 시누아를 2개 겹쳐놓고 재료를 으깨면서 거른다. 거른 쥐를 다시 냄비에 담아 끓이면서 위에 뜨는 거품과 기름을 걷고, 다시 한 번 시누아로 거른다.

용도·보관 쥐 드 카유 오 레쟁(p.206) 등 대부분의 메추라기요리 소스의 베이스로 사용한다. 냉장하면 3일, 진공포장하여 냉동하면 1개월 보관 가능.

쥐 드 라팽

jus de lapin

토끼 육즙소스

산뜻하고 입안에 감칠맛이 남는 쥐. 쥐로 어떤 소스를 만드냐에 따라 화이트와인과 레드와인을 구분해서 사용한다. 재료들을 화이트와인비네거로 데글라세하여 뒷맛이 깔끔하게 만든다.

재료_ 완성 후 약 1ℓ

토끼 부산물 2.5㎏

미르푸아

┌ 양파 150g

│ 당근 150g

│ 셀러리 80g

│ 양송이버섯 100g

└ 마늘 2쪽_ 껍질째

화이트와인비네거 40㏄

화이트와인 또는 레드와인* 500㏄

퐁 드 볼라유(p.32) 2.5ℓ

부케가르니 1다발

굵은소금 조금

화이트 미뇨네트 적당량

버터 적당량

*완성된 쥐 드 라팽을 가벼운 소스(구운 토끼 샐러드에 곁들이는 드레싱 등)로 만들 경우에는 화이트와인, 조림요리에 사용할 경우에는 레드와인을 사용한다.

만드는 방법

01 토끼는 5~6㎝ 크기로 토막 낸다. 양파, 당근, 셀러리는 1㎝ 크기 주사위모양으로 데(dé)한다. 양송이버섯은 카르티에하고, 마늘은 살짝 으깬다.

02 큰 냄비에 버터를 녹여 토끼를 넣고, 굵은소금을 뿌려 갈색으로 볶은 후 체에 밭쳐서 데그레세한다.

03 **02**의 냄비에 버터를 더 넣고 미르푸아를 넣어 갈색이 나도록 볶는다. 토끼를 다시 넣어 화이트와인비네거로 데글라세하고, 화이트와인(또는 레드와인)을 넣어 센불로 알코올을 날린다.

04 퐁 드 볼라유를 붓고 끓으면 거품을 걷는다. 약한불로 줄인 후 부케가르니, 굵은소금, 미뇨네트를 넣고, 디조테 상태로 약 2시간 끓이면서 수시로 거품을 걷는다.

05 시누아를 2개 겹쳐놓고 재료를 으깨면서 거른다. 거른 쥐를 다시 냄비에 담아 끓이면서 위에 뜨는 거품과 기름을 걷고, 다시 한 번 시누아로 거른다.

용도ㆍ보관 토끼요리 소스의 베이스나 토끼로 만든 샐러드의 드레싱에 맛을 낼 때 사용한다. 냉장하면 3일, 진공포장하여 냉동하면 1개월 보관 가능.

쥐 드 피죵 라미에

jus de pigeon ramier

산비둘기 육즙소스

산비둘기로 만든 산뜻한 감칠맛의 쥐. 미뇨네트 등의 향신료를 사용하지 않고, 재료 자체의 풍미를 담백하게 뽑아낸다. 에샬로트를 많이 넣어 농축된 진한 풍미와 단맛을 더한다.

재료_ 완성 후 약 1ℓ

산비둘기 뼈 3kg

미르푸아

┌ 양파 250g
│ 당근 200g
│ 셀러리 60g
│ 에샬로트 200g
└ 마늘 2쪽_ 껍질째

화이트와인 600cc

퐁 드 피죵(p.37)* 2ℓ

부케가르니 1다발

굵은소금 적당량

버터 적당량

땅콩기름 적당량

* 퐁 드 볼라유로 대체 가능.

만드는 방법

01 산비둘기를 3㎝ 정도 크기로 토막 낸다. 양파, 당근, 셀러리, 에샬로트는 1㎝ 크기 주사위모양으로 데(dé)하고, 마늘은 살짝 으깬다.

02 냄비에 버터와 땅콩기름을 두르고 산비둘기를 넣어 구운 색이 나도록 볶는다. 중간에 미르푸아를 넣어 전체에 고루 구수하게 갈색이 나도록 볶는다. 기름이 부족하면 버터를 더 넣는다.

03 체에 밭쳐서 데그레세하여 냄비에 다시 담는다. 불에 올리고 화이트와인을 부어 데글라세한다. 알코올이 날아가면 퐁 드 피죵을 넣어 센불로 끓인다.

04 거품을 걷고 약한불로 줄인 후, 부케가르니와 굵은소금을 넣어 미조테 상태로 1시간 30분 끓이면서 수시로 거품을 걷는다.

05 시누아를 2개 겹쳐놓고 재료를 으깨면서 거른다. 거른 쥐를 냄비에 다시 담아 끓이면서 위에 뜨는 거품과 기름을 걷고, 다시 한 번 시누아로 거른다.

용도·보관 산비둘기로 만든 요리나 샐러드의 소스에 사용한다. 또한, 파테나 테린에 감칠맛과 깊은 맛을 내는 데도 사용한다. 냉장하면 3일, 진공포장하여 냉동하면 1개월 보관 가능.

쥐 드 피종 라미에 사용

무조림을 곁들인
유자향의 훈제 산비둘기

Pigeon ramier légèrement fumé,
petit ragoût de navet de Sakurajima parfumé au 「Yuzu」

산비둘기 철에만 맛볼 수 있는 요리. 산비둘기를 손질하여 등 쪽을
가르고 소금, 후춧가루, 카트르에피스를 뿌려서 반나절 마리네한 후
벚나무로 훈연한다. 이것을 땅콩기름으로 껍질 쪽부터 굽고, 충분히
휴지시켜 촉촉하게 만든다. 손질할 때 간을 푸아그라와 함께 체에 내
려서 소금, 후춧가루, 코냑으로 맛을 내 농후한 맛의 페이스트를만
든다. 이것을 토스트한 빵에 발라서 살짝 구워 곁들였다. 그 밖에 곁
들인 것은 비둘기와 궁합이 좋은 풍미가 진한 채소이다. 순무는 둥글
게 썰고 무는 얇게 슬라이스하여 콩피하고, 시금치는 베이컨과 함께
소테하여 곁들였다. 소스는 쥐 드 피종 라미에를 베이스로 하여 심
플하게 만드는데, 비둘기를 많은 양의 채소와 함께 먹기 위해, 쥐가
1/3 정도까지 졸아들면 비네그레트 소스와 섞어 개운하게 만든다.

쥐 드 오마르

jus de homard

바닷가재 육즙소스

충분히 구운 바닷가재의 고소함과 갑각류의 단맛을 가진 쥐. 바닷가재를 볶을 때는 바닷가재 풍미의 오일을 사용하여 향을 더한다. 여러 갑각류에 사용할 수 있는 활용도 높은 소스이다.

재료_ 완성 후 약 1ℓ

바닷가재 3kg

미르푸아

┌ 양파 100g

│ 당근 100g

│ 에샬로트 100g

│ 펜넬 50g

│ 셀러리 40g

│ 양송이버섯 50g

└ 마늘 2쪽_ 껍질째

토마토 6개

토마토페이스트 12g

코냑 60cc

화이트와인 400cc

퓌메 드 푸아송(p.58) 2.5ℓ

타라곤 2줄기

타임 2줄기

굵은소금 조금

위일 드 오마르(p.265) 적당량

만드는 방법

01 바닷가재는 모래주머니를 제거하고, 껍데기째 4cm 정도 크기로 토막 낸다. 양파, 당근, 에샬로트, 펜넬, 셀러리는 8mm 크기 주사위모양으로 데(dé)하고, 양송이버섯은 카르티에한다. 마늘은 살짝 으깬다.

02 큰 냄비에 위일 드 오마르(바닷가재 기름)를 두르고, 바닷가재를 넣어 센불에서 겉면을 굽는다. 미르푸아를 넣고 더 볶는다.

03 충분히 구운 색이 나면 토마토와 토마토페이스트를 넣어 섞는다. 코냑으로 플랑베하고, 화이트와인을 부어 데글라세한다.

04 퓌메 드 푸아송을 붓고 굵은소금을 넣는다. 끓으면 거품을 걷고 약한불로 줄인 후 타라곤과 타임을 넣는다. 미조테 상태로 약 30분 졸이면서 수시로 거품을 걷는다.

05 시누아를 2개 겹쳐놓고 바닷가재를 으깨면서 거른다. 거른 쥐를 냄비에 다시 담아 끓이면서 위에 뜨는 거품과 기름을 걷고, 다시 한 번 시누아로 거른다.

용도·보관 갑각류 소스나 갑각류로 만든 샐러드의 드레싱에 베이스로 사용한다. 냉장하면 3일, 진공포장하여 냉동하면 1개월 보관 가능.

쥐 드 샹피뇽

jus de champignons

양송이버섯 육즙소스

많은 양의 양송이버섯을 뭉근히 졸여서 만든 쥐. 향이 풍부하고 감칠맛이 있어서 소스의 베이스
외에도 에센스로 사용하여 풍미를 주고 감칠맛을 낸다.

재료_ 완성 후 약 1ℓ

양송이버섯 3kg

퐁 드 볼라유(p.32) 200cc

물 500cc

굵은소금 조금

버터 적당량

만드는 방법

01 양송이버섯은 2~3mm 두께로 에맹세한다.

02 뚜껑 있는 냄비에 양송이버섯과 버터를 넣고 버터
가 코팅이 되도록 섞는다. 뚜껑을 덮어 조리용 철판스
토브의 가장 낮은 온도에 올리고, 가스레인지라면 가장
약한불로 한다. 가끔씩 섞어가며 익힌다.

03 10분 정도 지나 수분이 나오면 퐁 드 볼라유, 물,
굵은소금을 넣어 섞는다.

04 그대로 1시간~1시간 30분 뭉근히 끓이는데, 거품
이 거의 나오지 않는다.

05 시누아를 2개 겹쳐놓고 양송이버섯을 으깨면서 거
른다.

용도·보관 고기와 생선요리 소스의 베이스로 사용한
다. 특히, 크림을 사용한 소스와 잘 맞는다. 또한, 소스
나 수프의 감칠맛과 향을 내는 에센스로 조금씩 사용한
다. 냉장하면 3일, 진공포장하여 냉동하면 1개월 보관
가능.

Tout sur les sauces de la cuisine française

SAUCES

소스

셰프들의 바이블인 에스코피에[Escoffier]의 《요리 입문서[Le guide culinaire]》 1장이 소스라는 사실에서도 알 수 있듯이, 소스는 예전부터 프렌치요리의 「주역」이었다. 시대가 변하면서 「주재료를 돋보이게 하는 것」이라는 관점으로 바뀌었지만, 지금도 중요한 존재임은 틀림없다. 여기서는 차가운 전채, 따뜻한 전채, 생선요리, 고기요리, 디저트 등 여러 요리에 광범위하게 사용되는 185가지 소스를 수록하였다. 특히, 데미글라스 소스나 베샤멜 소스를 비롯한 클래식 소스는 프렌치요리를 하는 사람이라면 꼭 알아두어야 하는 것들이다.

소스의 기본 지식

connaissances basiques des sauces

■ 소스 Sauce

시대가 변하면서 「주역」에서 「재료를 돋보이게 하는 것」으로

소스란, 간단히 말해서 요리에 넣는 액체이다. 퐁이나 쥐를 베이스로 하는 것부터 비네그레트(드레싱), 마요네즈까지 그 범위가 매우 넓다. 프렌치요리에서는 전채, 생선요리, 고기요리, 디저트 등 모든 코스에 반드시 있어야 한다고 할 만큼 곁들이는 소스. 대체 왜 그렇게 중요시하는 것일까?

이것을 이해하기 위해서 조금 역사적 이야기를 살펴보면, 본래 프렌치요리는 귀족이나 특정 계급 등의 부르주아 음식이었다. 파티를 여는 사람들에게 요리는 부를 과시하는 도구이며, 이런 배경 때문에 프렌치요리는 비약적으로 발전하였다. 당시의 소스는 매우 농후하였는데, 이는 요리를 맛있게 먹을 수 있게 하고 유통 사정이 좋지 않았던 시대에 재료의 질을 보완하는 역할도 하였기 때문이다. 이런 소스가 프렌치요리에서 확고하게 입지를 다지게 된 것은 19세기 후반 소스를 처음으로 분류한 앙투안 카렘 Antoine Carême과 오귀스트 에스코피에 Auguste Escoffier의 공이 크다. 에스코피에는 셰프들의 바이블로 불리는《요리 입문서 Le guide culinaire》에서 소스를 1장에 실을 만큼 매우 중요하게 여겼다. 이것은 소스가 일반 레스토랑에까지 널리 퍼지는 계기가 되었고, 이후 오랫동안 에스코피에의 생각대로 소스의 시대가 계속된다. 일본도 마찬가지로, 내가 요리에 입문했을 당시 일본의 프렌치요리 레스토랑에서 소스라고 하면 베샤멜과 데미글라스 소스였다. 이것들을 얼마나 맛있게 만드느냐가 중요하였으며, 극단적으로는 「프렌치요리＝소스」라고 생각하였다. 그러나 1970~1980년대 누벨퀴진 nouvelle cuisine 시대를 맞아 상황이 바뀌었다. 「재료를 살리고 무거움은 줄인다」는 변화의 흐름에 따라 소스는 지금까지의 「주역」에서 「재료를 돋보이게 하는 것」으로 역할이 바뀌게 된 것이다. 아무리 맛있어도 재료의 맛을 해치는 소스는 배제되었다. 이후 다양한 움직임 속에서도 「재료 중심」, 「가볍고 심플하게」라는 풍조는 지금도 변함 없이 계속되고 있다.

이 책에서는 이런 시대의 흐름에 맞춰 셰프로서 알아야 할 기본적인 소스를 다루고 있다. 오늘날 요리, 재료, 정보 등이 모두 세계화하고 소스도 빠른 속도로 다양화되고 있지만, 소스의 기초가 탄탄해야 비로소 다양한 소스들을 응용해서 만들 수 있다. 우선 소스 만들기의 기본을 익히는 것이 중요하다.

■ 소스 분류

예전에는 소스를 분류할 때 색에 따라 「화이트소스」와 「브라운소스」, 또는 온도에 따라 「차가운 소스」와 「따뜻한 소스」로 분류하는 것이 일반적이었다. 하지만 시간이 흐르면서 그것을 대표하는 블루테, 베샤멜, 데미글라스 등의 소스를 사용하지 않게 되었고, 오늘날 레스토랑에서 만드는 소스 종류도 바뀌어 예전과 같은 방법으로 소스를 분류할 수 없다. 그래서 이 책에서는 소스의 베이스를 중심으로 다음과 같이 정리하였다. 예를 들어 지금은 만들지 않지만 셰프로서 꼭 알아야 「클래식 소스」, 특별히 베이스가 없거나 다른 베이스에 해당하지 않는 「그 밖의 소스」, 디저트에 사용하는 「디저트 소스」 등으로 분류하였다.

비네그레트 소스

기본은 비네거와 식용유를 1 : 3의 비율로 섞은 비네그레트 소스. 과일 풍미의 비네거나 발사믹비네거를 사용하고, 오일은 올리브오일이나 호두기름으로 대체할 수 있다. 차가운 비네그레트는 샐러드나 카르파치오 등에 주로 사용한다. 반면, 퐁이나 쥐를 비네거와 함께 끓여서 만든 따뜻한 비네그레트는 어패류, 닭고기, 푸아그라 등에 사용하여 산뜻한 맛의 요리를 만든다. 건강요리를 선호하는 요즘 시대에 다양하게 응용하면 요긴하게 쓸 수 있는 소스이다.

달걀노른자 베이스의 소스

차가운 소스로는 마요네즈 소스, 따뜻한 소스로는 홀랜다이즈 소스나 베아르네즈 소스 등이 대표적이다. 모두 달걀노른자의 유화작용을 이용한 것으로, 재료를 달걀노른자와 함께 휘저어서 유지와 수분(비네거 등)을 유화시켜 부드러운 크림상태로 만든다. 깊은 맛이 있는 달걀노른자 계열의 소스는 신맛과 잘 어울리며, 마요네즈에 케이퍼나 피클을 섞은 타르타르 소스 등이 대표적인 예이다. 따뜻한 소스도 에샬로트를 졸인 레뒥숑을 베이스로 하여 뒷맛을 깔끔하게 만든다.

줄레와 쇼프루아

두 가지 모두 차가운 소스로, 매끄러운 식감을 즐긴다. 줄레는 콩소메를 만들 듯이 퐁을 채소나 달걀흰자와 같이 가열하고, 맑게 클라리피에하여 젤라틴으로 굳힌 것이다. 차가운 느낌의 투명함이 특징이며, 주로 차가운 전채요리에 사용한다. 쇼프루아는 따뜻하게(소 chaud) 만든 베이스를 식혀서(프루아 froid) 사용하는 것으로 클래식 소스이다. 고기 등에 코팅하여 부드러운 식감을 즐긴다. 쇼프루아의 부드러움과 윤기의 바탕이 되는 것은, 줄레와 블루테 velouté 이다.

버터 소스와 뵈르 콩포제

소스 뵈르블랑으로 대표되는, 버터의 깊은 맛과 풍부한 풍미가 특징인 따뜻한 소스. 에샬로트와 알코올(또는 비네거)을 조린 베이스에 버터를 조금씩 넣어 몽테하는 것이 기본적인 방법이다. 정성껏 몽테하여 버터를 충분히 유화하는 것이 부드럽게 만드는 포인트이다. 특히, 담백한 흰살생선에 잘 어울린다. 뵈르 콩포제는 포마드 상태로 만든 버터에 허브나 향신료를 섞은 혼합 버터이다. 요리에 바로 곁들이거나, 몽테용 버터로 사용하여 소스에 풍미와 감칠맛을 더한다.

알코올 베이스의 소스

레드와인을 듬뿍 넣어 뭉근하게 졸인 소스 보르드레즈를 비롯하여, 알코올을 날린 술과 미르푸아에 퐁이나 퓌메를 넣어 만든 소스. 농축된 복합적인 맛이 특징인데 레드와인, 화이트와인, 샴페인, 노일리, 마데이라 등 사용하는 알코올에 따라 맛이 완전히 달라진다. 포인트는 알코올의 특성에 따라 미르푸아의 종류와 양, 소스를 끓이는 방법 등을 달리한다는 것이다. 감귤류의 과즙이나 허브를 넣어 맛에 악센트를 주어도 좋다. 주로 메인요리에 사용한다.

퐁과 쥐 소스(어패류)

어패류와 갑각류로 만든 퐁이나 퓌메를 베이스로 한 소스. 간단하게는 퐁을 졸여서 크림이나 버터를 넣기만 해도 소스가 된다. 쉬에한 생선뼈나 새우 껍데기와 미르푸아를 함께 넣고 졸여서 더욱 감칠맛과 단맛을 내거나, 와인이나 향신료 등을 넣어 복합적인 맛을 내는 등 다양하게 응용한다. 어패류나 갑각류 메인요리에 사용한다.

퐁과 쥐 소스(육류)

송아지, 오리, 각종 지비에 등에서 얻은 퐁이나 쥐를 베이스로 한 육류요리용 소스. 퐁이나 쥐를 에샬로트, 미르푸아, 알코올 등과 함께 조리고, 허브나 트러플을 넣어 만드는 것이 일반적이다. 쥐는 가능하면 심플하게 만들어서 소스에 재료의 풍미나 감칠맛을 그대로 담아 강조하는 것이 최근의 경향이다. 소스 살미, 소스 푸아브라드, 소스 슈브뢰유 등 지비에 계열의 기본 소스는 정확하게 만들어야 맛있다. 이것들은 육류 계열 소스의 깊은 맛이 가득하므로 꼭 알아두면 좋다.

클래식 소스

베샤멜이나 블루테처럼 예전에는 주류였지만 요즘은 「무겁다」고 잘 만들지 않는 소스도 이 책에 실었다. 레스토랑에서 만들 기회는 별로 없겠지만 셰프라면 알아두어야 한다. 게다가 이런 소스는 지금도 뷔페 등의 연회요리에서 빠지지 않고, 실제로도 먹으면 맛이 좋다. 그 밖에도 셰프들의 바이블인 에스코피에^{Escoffier}의 《요리 입문서^{Le guide culinaire}》에서 간추려 일부 현대적으로 응용한 소스도 있다. 만들어보면 클래식 소스 중에 지금도 충분히 통하는 것이 있다는 것을 알게 될 것이다.

그 밖의 소스

루유나 타프나드, 토마토 소스 그리고 바질이나 그물버섯으로 향을 낸 오일 등 다른 항목으로 분류하기 어려운 것들은 〈그 밖의 소스〉로 정리하였다. 고기나 생선요리에 듬뿍 올리기보다는 조금만 넣어서 맛과 색에 악센트를 주는 데 중점을 둔다. 모두 매우 기본적이지만, 그만큼 보관할 수 있는 것들이 많아서 만들어두면 편리하다.

디저트 소스

식사를 마무리하는 디저트용 소스. 이 책에서는 앙글레즈 소스나 캐러멜 소스같이 기본적인 것부터 과일 소스, 허브나 향신료를 넣은 소스, 줄레, 에스푸마(무스)까지 38가지를 폭넓게 다루고 있다. 아이스크림이나 무스도 곁들이는 소스를 바꾸는 것만으로 느낌이 달라지므로 깊은 맛이 있는 소스, 신맛이 강한 소스, 색이 선명한 소스 등을 골고루 모아놓았다. 레스토랑 디저트로서 뒷맛이 무겁지 않도록 알코올, 허브, 향신료를 적절히 사용하여 임팩트 있으면서 산뜻하게 마무리할 수 있게 하였다.

소스 재료

달걀

기본적으로 달걀노른자와 달걀흰자를 따로 사용한다. 달걀노른자는 깊은 맛과 감칠맛, 유화성을 살려 마요네즈, 소스 베아르네즈, 아욜리, 루유의 베이스로 사용한다. 반면, 달걀흰자는 거품을 흡착하는 특성을 살려, 줄레를 만들 때 60% 정도 거품을 내서 마지막에 넣어 육수를 맑게 만든다. 달걀은 1개 무게가 55~60g인 것을 사용한다.

비네거

비네거는 주로 비네그레트 소스에 신맛을 내거나, 고기 또는 생선 소스에서 에샬로트를 조리거나 고기 구운 냄비를 데글라세하는 국물로 사용하고, 소스에 산뜻함과 단맛을 준다. 주로 사용하는 것은 레드와 화이트와인 비네거로 차가운 요리나 따뜻한 요리에 모두 사용한다. 산딸기나 카시스 등의 과일 비네거, 샴페인비네거, 셰리비네거 등은 풍미가 날아가기 쉬워 가열하지 않는 비네그레트 소스에 사용하고, 따뜻한 소스라면 냄비를 불에서 내리고 넣는다. 숙성된 발사믹비네거는 졸이기만 해도 소스가 되므로 좋은 품질을 사용한다.

버터

사실은 프랑스처럼 풍미가 풍부한 발효버터를 사용해야 하지만, 국내에서는 구하기 어렵고 가격도 비싸므로 무염버터를 사용한다. 주로 뵈르블랑 등의 버터 소스나 뵈르 콩포제(혼합 버터)의 베이스로 사용한다. 또한, 여러 소스의 마무리 단계에 넣어 풍미, 윤기, 농도를 내는 뵈르 몽테용으로 사용한다. 뵈르 콩포제는 버터를 미리 상온에 두어 포마드 상태로 만들고, 몽테에는 차가운 상태로 사용하는 등, 용도에 맞게 최상의 상태로 사용하는 것이 중요하다. 또한 버터를 살짝 태운 뵈르 누아제트는 그대로 구수한 향의 소스가 된다.

그 밖의 지방

미르푸아나 고기를 익히는 국물, 비네그레트 소스나 마요네즈 등의 베이스로 사용하는데, 오일의 특성에 따라 구분해서 사용한다. 올리브오일은 가열할 때는 퓨어 타입을, 가열하면 풍미가 날아가는 엑스트라버진[E.V]은 비네그레트 계열이나 소스의 마지막에 풍미를 더하는 데 사용한다. 땅콩기름은 가열하면 향이 살고 고온에서도 타지 않으므로 퐁이나 쥐, 육류 소스에서 뼈나 힘줄을 볶을 때 사용한다. 맛이 진하고 고소한 호두기름은 비네그레트에, 질리지 않는 식용유는 마요네즈에 알맞다.

생크림

주로 소스에 깊은 맛과 부드러움을 주기 위해 사용한다. 이 책에서는 요리용 소스에 깊은 맛이나 농도를 더하는 경우 유지방 47%를, 가열하지 않고 주로 차가운 요리에 사용하는 디저트 소스에는 산뜻한 맛의 유지방 36%를 사용한다.

와인

레드와인 소스 등과 같이 소스의 베이스는 물론, 구운 고기나 미르푸아를 데글라세하는 등 소스를 만들 때 빠지지 않는 재료이다. 알코올을 날리고 졸여서 복합적인 풍미를 더하고, 재료의 잡내를 없애는 역할도 한다. 화이트와인은 쌉쌀한맛을, 레드와인은 떫은맛·진한 맛·신맛의 균형이 잘 잡힌 것을 고른다. 여러 요리에 두루 사용하기 때문에 비싼 와인을 사용하지는 않지만 가능하면 양질의 와인을 준비한다.

그 밖의 알코올

소스에서 알코올은 농축된 감칠맛과 풍부한 향을 준다. 와인처럼 포도가 베이스인 노일리, 마데이라, 샴페인은 와인처럼 사용한다. 와인과는 다른 독특한 풍미의 소스가 된다. 코냑, 그랑 마르니에, 브랜디 등의 리큐르나 증류주는 향을 살리고 풍미를 더하기 위해 조금씩 사용하는 것이 대부분. 고기요리 소스부터 앙글레즈 등의 디저트 소스까지 두루 사용한다.

소금

소스는 마지막에 소금, 후추를 넣어 맛을 내는 것이 대부분이다. 차가운 요리나 따뜻한 요리에 상관없이, 농후한 맛의 소스나 비네그레트 등과 같이 오일을 사용한 소스는 소금이 부족하면 조화를 이루지 못하므로 간을 조금 강하게 하는 것이 기본이다. 반면에 살미 소스처럼 끓여서 만드는 소스는 재료에서 맛이 빠져나오도록 끓일 때 굵은소금을 넣는다.

후추

소금과 같이 마지막에 넣어 향을 더한다. 기본적으로 마요네즈 등의 부드러운 소스에는 흰 후추, 고기요리나 지비에용의 농후한 소스에는 검은 후추를 사용하는 것이 대부분이지만, 이 책에서는 구분짓지 않고 재료에 「후추」라고만 하였다. 만드는 사람의 취향에 따라 사용하도록 한다. 모두 후추를 갈아서 사용하는 것이 포인트이다.

설탕

요리용 소스에 설탕을 사용하는 경우는 드물다. 미르푸아가 가진 단맛이나, 비네거 또는 알코올을 졸일 때 나오는 단맛을 이용한다. 단, 오리 오렌지 소스 등에는 가스트리크(그래뉴당과 비네거를 졸여 조금 캐러멜화한 것)를 넣기도 한다. 비네그레트처럼 가열하지 않는 소스에는 꿀로 단맛을 내고, 디저트용 소스에는 과일 등 다른 재료의 풍미를 해치지 않는 그래뉴당을 사용한다.

■ 졸인다
뭉근하게 졸여 맛을 농축시키고 농도를 낸다

졸이기 전은 물론 졸이는 중간에도 계속 거품을 걷는다.

수분이 없어질 때까지 졸여서 각 재료의 풍미를 농축시킨다.

소스를 만들 때 꼭 필요한 과정이 졸이는 작업(레뒤르 réduire)이다. 이것은 한마디로 액체를 가열하여 수분을 날리는 것이다. 단순히 증발만 시키는 것이 아니라 소스의 농도를 진하게 하고, 액체에 들어 있는 감칠맛을 농축시키는 것 등을 목적으로 한다. 예를 들어, 소스 뱅 루주(레드와인 소스)를 만들 때 레드와인을 뭉근히 끓이는 것은, 알코올을 날리고 와인의 신맛과 단맛, 깊은 맛을 농축시키는 것이 목적이다. 또한 잘게 다진 에샬로트를 비네거에 졸이는 것은, 비네거의 신맛을 날리고 에샬로트의 단맛을 끌어내 액체에 풍미와 감칠맛을 더하는 것이 목적이다.

졸일 때 포인트는, 약한불로 뭉근히 끓이고 수시로 거품을 걷는 것이다. 불이 세면 감칠맛이 나오기 전에 졸아버리고, 거품을 깔끔하게 걷지 않으면 액체에 거품이 섞여 소스에 잡맛이 생기게 된다. 또한 너무 졸이면 반대로 떫은맛이 나기도 한다. 원하는 맛과 농도를 효과적으로 내기 위해 매번 졸이는 상황을 고려해야 한다. 원래 액체가 가지고 있는 그 이상의 맛을 내는 것은 불가능하다. 양질의 알코올이나 퐁 그리고 에샬로트를 준비하는 것이 중요하다. 전에는 깊은 맛이나 농도를 내기 위해 루나 버터를 듬뿍 넣었지만, 요즘은 많이 사용하지 않는 추세이다. 깊은 맛과 농도를 기본이 되는 액체(소스의 베이스)에서 어떻게 끌어내느냐가 과제이다. 졸이는 작업은 가벼운 느낌의 소스가 대세인 요즈음 시대에 중요한 과정이라고 말할 수 있다.

■ 거른다
꼼꼼하게 걸러서 감칠맛을 완전히 추출한다

졸인 에샬로트나 미르푸아를 조심스럽게 으깨서 감칠맛을 뽑아낸다.

시누아 바깥쪽에 붙어 있는 소스도 깔끔하게 긁어서 한 방울 남김없이 사용한다.

소스를 거르는 작업(파세 passer)은 불필요한 것을 제거하고 부드러운 식감으로 만드는 것이 목적이다. 원하는 소스의 맛이 나왔으면 따뜻할 때 거른다. 기본적으로는 구멍이 작은 고운 시누아를 많이 사용하지만, 더 부드럽고 줄레같이 투명하기를 원하는 경우에는 시누아에 면보자기를 깔고 천천히 조금씩 거른다. 내가 배우던 시절에는 블루테나 베샤멜 소스 등을 반드시 면보자기에 걸렀다. 가루를 사용한 소스는 덩어리지기 쉬우므로 특히 주의한다.

소스를 거를 때 주의할 점은 감칠맛을 완전히 추출하는 것이다. 예를 들어, 곱게 다진 에샬로트를 쉬에하거나 졸여서 소스의 베이스로 사용하는 경우가 많은데, 마지막 거를 때 시누아에 남은 에샬로트를 가볍게 으깨서 남아 있는 감칠맛을 모두 뽑아낸다. 이때 재료를 마구 으깨면 남은 떫은 맛과 섬유질까지 걸러지므로 조심해야 한다. 이처럼 소스는 비용이나 수고가 많이 드는 매우 정교한 작업이므로 시누아 바깥쪽에 붙어 있는 것까지 깔끔하게 긁어서 한 방울도 버리는 것 없이 모두 사용한다.

버터로 몽테하거나, 푸아그라나 피로 리에한 소스는 그전에 일단 거른 것이라도 마지막에 다시 한 번 걸러서 부드럽게 만든다.

■ 농도를 맞춘다
소스에 농도와 함께 깊은 맛, 윤기, 부드러움을 더한다

버터는 1~1.5㎝ 크기 주사위모양으로 썰고, 영업 중에는 얼음 위에 놓아 녹지 않게 한다.

소스는 완성 직전에 버터나 전분을 넣고 거품기로 섞어「농도를 맞춘다」. 이 작업은 소스에 농도와 끈기를 주는 것이 목적이다. 리에 lier 가 액체에 루나 달걀노른자, 크림, 피나 내장 등을 넣어 단지 농도를 내는 것이라면, 몽테 monter 특히 뵈르 몽테 beurre monter 는 버터를 사용하여 소스에 농도 이외에 윤기나 깊은 맛, 풍미를 주는 것이다. 두 가지 모두 소스의 풍미를 해치지 않고 일체감이 들도록 재료의 분량을 정확히 지켜야 한다.

버터 몽테 방법

냄비를 불에서 내리고 버터를 넣는다.

냄비를 흔들거나 거품기로 저어 버터를 녹인다.

소스와 버터가 섞이면 완성.

소스의 완성 단계에서 마지막에 넣는 것이 주로 버터이다. 소스에 다른 재료에는 없는 윤기, 깊은 맛, 풍미를 주기 위해 가장 많이 사용한다. 그래서 버터로 예를 들어 기본적인 몽테 방법을 알아본다.

우선, 버터는 무염버터를 준비한다. 발효버터를 사용하면 풍미가 더 좋지만, 보통 무염버터로도 충분하다. 이것을 미리 1~1.5㎝ 크기 주사위모양으로 썰어 냉장한다. 주사위모양으로 자르는 것은 액체에 한 번에 빨리 녹게 하기 위해서이다. 양을 가늠할 수 있다는 장점도 있다. 버터는 한 번 녹으면 풍미와 윤기가 줄기 때문에 기본적으로 냉장고에 넣어 두고 사용하는데, 지나치게 얼려도 소스 온도를 떨어뜨려서 좋지 않다. 냉장고에서 꺼내 5분 정도 지났을 때가 사용하기 좋다.

몽테할 때는 버터가 분리되지 않도록 냄비를 불에서 내리고, 농도를 보면서 조금씩 넣는다. 냄비를 흔들어서 녹여도 좋고, 거품기로 저어서 녹여도 좋다. 이때 소스의 온도는 65~75℃가 가장 알맞다. 버터가 소스에 잘 녹고 부드럽다. 이보다 온도가 낮으면 버터가 잘 녹지 않고, 반대로 너무 높으면 버터가 분리되어 기름지고 풍미도 떨어진다. 몽테 후 다시 가열할 때도 절대 끓지 않게 한다.

버터 이외의 재료로 농도를 맞춘다

버터 이외에 루나 전분, 채소 퓌레 또는 올리브오일 등으로 농도를 맞추기도 한다. 만드는 과정은 모두 버터와 같지만, 소스에 주는 농도나 질감은 다르기 때문에 적당량을 찾아야 한다. 또한, 주재료와 일체감을 주기 위해 주재료의 내장이나 피, 코라유(갑각류 내장)로 농도를 맞추기도 하는데, 이 경우는 재료의 풍미나 질감이 손상되지 않도록 특히 온도에 주의하여야 한다.

뵈르 마니에

밀가루를 넣어 섞은 버터. 풀어서 고루 섞는다.

부드러움은 버터 몽테보다 덜 하지만 기름의 양은 줄어든다.

전분

전분은 미리 물에 풀어둔다.

조금만 넣어도 충분히 농도가 생기므로 사용량에 주의한다.

■ 구운 즙을 베이스로 하여 소스를 만든다
재료에서 나오는 감칠맛을 그대로 소스에 살린다

생선이나 고기요리의 경우, 실제 주방에서는 메인이 되는 고기나 생선과 소스를 따로 준비하는 일은 적고, 주재료를 요리하면서 나오는 쥐나 쉬크를 이용하여 소스도 만드는 것이 대부분이다. 그래야 일체감 있는 요리를 만들 수 있다. 〈시금치를 곁들인 비네거 풍미의 닭가슴살 소테〉를 예로 들어, 메인요리와 소스를 동시에 만드는 방법을 설명한다.

01 먼저 닭가슴살을 조리한다. 냄비에 땅콩기름을 두르고 마늘을 껍질째 볶아 향을 낸다. 콩카세한 닭머리를 넣고, 겉에 살짝 색이 나게 구워지면 소금, 후추를 뿌린 닭가슴살을 껍질 쪽이 아래로 가게 팬에 올린다. 갈색으로 잘 구워지면 뒤집는다. 불조절은 약한불~중불 정도이다. 색이 잘 나게 구우려면 처음에는 고기를 자주 뒤집지 말고 가만히 둔 채 천천히 색을 낸다. 닭머리를 같이 구우면 퍽퍽해지기 쉬운 닭가슴살에 닭머리에 있는 지방과 감칠맛을 준다.

02 겉부분이 마르지 않도록 구우면서 나온 기름을 수시로 닭가슴살에 끼얹는다. 만약 이 과정에서 기름에 눌은 것이 섞여 있거나 오염되면 완성된 소스에 영향을 줄 수 있으므로 버린다.

03 닭가슴살에 골고루 색이 나면 버터를 조금 넣는다. 이것은 닭가슴살을 촉촉하게 하고 미르푸아를 익히기 위해서이다. 미르푸아(양파, 당근, 셀러리, 에샬로트는 에맹세하고, 양송이버섯은 카르티에한다)와 파슬리 줄기를 넣고 고루 섞는다. 미르푸아는 닭을 맛있게 만들어주고, 소스맛의 베이스가 되기도 한다. 닭고기가 구워졌을 때 미르푸아도 익어 있도록, 미르푸아를 써는 방법과 냄비에 넣는 시점을 조절한다.

04 불을 세게 하여 여분의 기름을 제거한다. 한 번 센불로 하여 재료에 남은 기름이나 수분을 날리는 것이 목적이다. 이 작업을 팽세(pincer)라고 하며, 다른 소스를 만들 때도 데글라세하기 전에 반드시 한다.

05 화이트와인이나 레드와인 비네거를 넣고 데글라세한다. 비네거가 전체에 고루 퍼지도록 냄비를 흔든다.

06 다시 한 번 비네거를 넣어 데글라세한다. 사진과 같이 냄비에 붙어 있는 쉬크(눌어붙은 육즙)를 깨끗이 떼어낸다. **04~06**의 과정은 센불에서 한다. 불이 약하면 냄비에 붙어 있는 쉬크가 깔끔하게 떨어지지 않는다.

07 쥐 드 볼라유(p.71)를 붓고, 바로 뚜껑을 덮어서 중불로 뭉근히 끓인다. 중간에 닭가슴살을 뒤집는다. 졸여야 쥐 드 볼라유에 닭고기와 미르푸아의 감칠맛이나 풍미가 배어나와 맛이 잘 어우러진다. 또한 닭고기에도 쥐가 배어들어 촉촉해진다. 쥐 드 볼라유 대신 p.28의 퐁 드 볼라유를 넣어도 좋다.

08 닭고기가 조려지면 석쇠에 꺼내놓고, 알루미늄 포일로 싸서 따뜻한 곳에서 보온한다. 닭고기에서 조린 국물과 육즙이 나온다. 이 쥐에도 감칠맛이 있으므로, 반드시 석쇠 아래에 접시를 받쳐서 떨어지는 쥐를 받아 모은다.

09 조린 국물을 소스로 만든다. 조린 국물을 약한불로 살짝 졸이는데, 농도와 맛이 너무 진하면 퐁 드 볼라유를 넣어 묽게 만든다. 조린 국물에 이미 닭과 미르푸아의 감칠맛이 나와 있어 장시간 졸일 필요가 없다. 마지막으로 맛을 내기 위해 가볍게 졸이는 정도이다.

10 맛이 나면 마늘을 건져내고 나머지는 시누아로 거른다. 미르푸아는 숟가락 등으로 꾹꾹 눌러 으깨서 감칠맛을 충분히 뺀다.

11 08에서 받아놓은 쥐를 넣고, 맛을 봐서 부족하면 소금, 후추로 간을 맞춰 소스를 완성한다. 이대로도 충분히 맛있지만, 취향에 따라 버터로 몽테하여 향과 부드러움을 더해도 좋다. 닭고기에서 나온 쥐를 넣어 한층 맛이 좋아진다. 이렇게 만든 감칠맛은 한 방울도 남김없이 사용하는 것이 중요하다.

12 접시에 따뜻하게 보온해둔 닭고기를 담고, 소스를 듬뿍 뿌려 완성한다. 곁들이는 시금치는 버터와 마늘로 간단히 소테하며, 일부는 잎을 넓게 펴서 담는다.

■ 소스를 모양을 내서 담는다
소스를 모양 내서 담는 방법을 연습하여 시각적으로도 훌륭한 요리를 만든다

접시에 깔거나, 위에 듬뿍 올리거나, 조금만 곁들이는 등 소스를 담는 방법은 여러 가지이다. 여기서는 시각적으로 보기 좋고, 알아두면 유용한 방법을 소개한다. 소스가 요리에서 어떤 역할을 하는지 생각하면서 담는다.

원 그리기

접시에 원을 그리듯이 소스를 펴는 것은 기본적인 방법이다. 접시 가운데에 필요한 양을 놓고, 숟가락 뒤쪽의 볼록한 부분으로 넓게 펴듯이 원을 그린다. 접시 바닥을 톡톡 쳐서 평평하게 만든다. 예를 들어, 껍질이 바삭한 생선 푸알레나 파삭파삭한 파이, 또는 자른 단면이나 색을 강조하고 싶은 요리 등, 소스를 위에 뿌리면 식감이나 모양이 손상되는 경우에 효과적이다.

동그란 모양을 그릴 곳에 소스를 놓는다.

숟가락 뒷면으로 가운데에서 바깥쪽으로 원을 그리듯이 소스를 편다.

가로선 그리기

숟가락으로 소스를 떠서 그릇 한쪽에 놓고, 흐르기 전에 가로 방향으로 쭉 긋듯이 그린다. 숟가락 끝을 접시에서 떼지 않고 그리면 잘 그려진다. 선의 굵기나 길이는 숟가락 크기나 그리는 속도로 조절할 수 있다. 작은 숟가락을 사용해 여러 개를 그릴 수도 있다. 색이 곱거나 맛이 진한 소스로 악센트를 줄 때 사용한다.

숟가락으로 한쪽에 소스를 놓는다.

모두 흐르기 전에 숟가락을 가로로 움직여서 선을 그린다.

선 그리기

가는 선은 섬세한 인상을 준다. 사진(발사믹비네거 졸인 것)과 같이 농도가 있는 소스를 사용하는 것이 포인트이다. 스포이트를 사용하면 같은 굵기로 그릴 수 있지만, 숟가락으로 그려서 굵기를 다르게 연출할 수도 있다. 숟가락으로 그릴 경우, 숟가락 끝이 접시에 닿을 듯 말 듯한 거리를 유지해야 보기 좋게 그려진다.

숟가락 끝으로 선을 그린다. 숟가락을 움직이는 속도에 따라 굵기가 달라진다.

스포이트를 사용하면 같은 굵기로 선을 깔끔하게 그릴 수 있다.

점 그리기

물방울처럼 접시에 점을 그리는 방법으로, 시
각적으로 악센트를 주는 효과가 있다. 같은 크
기의 점을 여러 개 그리고 싶을 때는 스포이트
를 사용하면 편리하다. 숟가락 끝을 잘 사용하
면, 크고 작은 여러 개의 점을 그릴 수 있다.
접시에 필요한 소스의 양을 고려하여 점의 크
기와 수를 결정한다.

숟가락으로 그린 경우. 숟가락
끝 모양이나 숟가락에 담는 양
에 따라 점의 크기가 달라진다.

스포이트를 사용하면 같은 크
기의 점을 그리기 쉽다.

모양 만들기

요리에 곁들이는 소스는 일부러 모양을 내기보
다는 흐르듯이 두는 것이 자연스럽고 맛있어
보이지만, 디저트에는 다소 즐기듯이 그려도
좋다. 예를 들어 사진과 같이 쇼콜라 소스로 원
을 그리고, 꼬챙이나 이쑤시개로 모양을 낸다.
약간의 아이디어로 소스의 존재감을 높일 수
있으므로 다양한 아이디어를 생각해보자.

꼬챙이로 모양을 낸다. 접시를
일정하게 돌리면서 그리면 모양
이 일정한 간격으로 그려진다.

■ 보관한다
기본은 만들어서 모두 사용하는 것이므로 자주 만들어서 금방 만든 것을 사용한다

심플한 비네그레트 소스나 향을 우린 오일 등 일부를 제외하고, 소스는 가능하면 만들어서
빨리 사용하는 것이 기본이다. 가장 큰 이유는 풍미가 사라지기 때문이다. 이 책의 마지막
에 버터로 몽테하는 소스가 많이 나오는데, 버터는 시간이 지나면 분리되고 귀중한 풍미나
질감도 손상된다. 다시 따뜻하게 데워도 원래대로 돌아가지 않으므로, 가능하면 만들어서
빨리 사용하는 것이 최선이다. 이외에도 소스 올랑데즈 등과 같이 달걀노른자로 만드는 따
뜻한 소스는 상하기 쉽고, 마지막에 트러플이나 알코올로 풍미를 더한 소스는 시간이 지나
면서 향이 사라진다. 또한, 푸아그라나 피로 리에한 소스나 사바용처럼 거품을 낸 소스도
변질되기 쉬워 보관하지 않는 것이 좋다. 「만든 다음날 맛이 잘 어우러져서 맛있다」는 소
스는 일부이다. 이 책에서는 소스마다 보관기간을 알려주고 있다. 그 중에는 며칠씩 보관
할 수 있는 것도 있지만, 이것은 어디까지나 기준일 뿐이다. 레스토랑의 규모나 메뉴 구성
에 따라 만드는 양을 조절하고, 가능하면 금방 만들어서 사용하도록 한다.

SAUCES VINAIGRETTES

비네그레트 소스

소스 비네그레트

sauce vinaigrette ordinaire

기본 비네그레트 소스

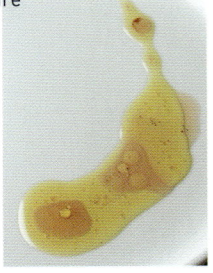

비네거와 오일을 1:3의 비율로 섞은 가장 기본적인 드레싱. 비네거와 오일의 종류를 바꾸거나,
머스터드, 꿀, 허브를 넣어 다양하게 응용할 수 있다.

재료_ 완성 후 약 300cc
레드와인비네거 80cc
E.V.올리브오일 240cc
소금 적당량
후추 적당량

01 볼에 소금과 후추를 넣는다. 오일
을 사용하므로 소금은 조금 세게 간한
다. 후추는 흰 후추나 검은 후추를 취향
이나 요리에 맞춰 사용한다.

02 레드와인비네거를 넣으면서 거품
기로 섞는다. 여기서는 레드와인비네거
를 사용하지만 화이트와인비네거도 괜
찮다. 취향에 따라 사용한다.

03 소금이 녹을 때까지 휘저어 섞는다.

04 E.V.올리브오일을 넣으면서 거품
기로 섞는다. 섞는 정도는 취향대로 한
다. 살짝만 섞어서 비네거와 오일 각각
의 풍미를 살려도 좋고, 세게 섞어서 유
화시켜 부드럽게 즐겨도 좋다.

05 비네그레트 소스 완성. 여기서는
너무 많이 섞지 않았다. 실온에서 2일
보관 가능. 비네거나 오일의 종류를 바
꾸거나, 허브를 넣는 등 다양하게 응용
할 수 있다.

비네그레트 오 비네그르 발자미크

Vinaigrette au vinaigre balsamique

발사믹 비네그레트

풍미 가득한 발사믹비네거를 이용한 비네그레트 소스. 발사믹비네거는 오랫동안 숙성시켜 깊은 맛과 감칠맛이 가득한 양질의 비네거를 사용하는 것이 포인트이다.

재료_ 완성 후 약 300cc
발사믹비네거 80cc
E.V.올리브오일 240cc
소금 적당량
후추 적당량

만드는 방법

01 볼에 소금과 후추를 넣는다. 발사믹비네거를 넣고 거품기로 섞어 소금을 녹인다.

02 E.V.올리브오일을 조금씩 넣으면서 섞는다.

용도·보관 구운 생선이나 고기에 곁들이는 샐러드드 레싱으로 사용한다. 허브 등 향이 강한 재료와도 잘 어울린다. 상온에서 2일 보관 가능.

비네그레트 오 제레스

vinaigrette au xérès

셰리 비네그레트

풍미가 강한 셰리비네거를 이용한 비네그레트. 화이트와인을 넣어 임팩트를 줄인다. 여기서는 땅콩기름을 사용하였지만, 좀 더 개성이 강한 호두기름도 어울린다.

재료_ 완성 후 약 300cc

셰리비네거 60cc

화이트와인 10cc

땅콩기름 220cc

머스터드 12g

소금 적당량

후추 적당량

만드는 방법

01 볼에 머스터드, 소금, 후추를 넣고 셰리비네거, 화이트와인도 넣어 고루 잘 섞는다.

02 땅콩기름을 조금씩 넣으면서 휘저어 섞는다.

용도·보관 오리, 비둘기, 푸아그라 등 깊은 맛을 가진 재료로 만든 요리나 샐러드에 사용한다. 상온에서 4~5일 보관 가능.

비네그레트 드 프랑부아즈 오 미엘

vinaigrette de framboise au miel

꿀을 넣은 산딸기 풍미의 비네그레트

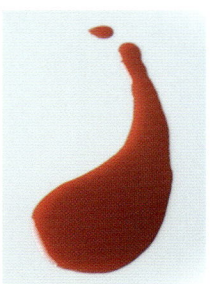

산딸기 퓌레와 비네거의 새콤달콤함을 꿀의 단맛이 부드럽게 감싸주는 비네그레트. 샐러드를
비롯하여 어패류, 가금류의 따뜻한 요리에 잘 어울린다.

재료_ 완성 후 약 300cc

꿀* 40g

산딸기 퓌레* 100g

산딸기비네거 50cc

호두기름 100cc

레몬즙 조금

소금 적당량

후추 적당량

* 꿀은 잘 질리지 않는 아카시아꿀 사용.
어패류요리에 사용하는 경우에는
오렌지꿀, 고기요리에는 밤꿀도 잘 어울린다.
* 산딸기 퓌레는 시판 제품 사용.

만드는 방법

01 볼에 소금, 후추, 꿀, 산딸기 퓌레를 넣고 고루 잘
섞는다.

02 산딸기비네거를 넣고 잘 섞는다.

03 호두기름을 조금씩 넣으면서 휘저어 섞고, 마지막
에 레몬즙을 넣어 맛을 낸다.

용도·보관 어패류모둠, 샐러드 마무리, 새우류 테린
(terrine, 곱게 간 생선이나 닭고기 등을 단지나 틀에 채워서
찐 뒤 식혀서 먹는 요리) 등의 소스로 사용한다. 조금 따
뜻하게 하여 오리나 닭고기 요리에 곁들여도 좋다. 상
온에서 3~4일 보관 가능.

소스 비네그레트 오 트뤼프

sauce vinaigrette aux truffes

트러플 비네그레트 소스

쥐 드 트뤼프를 베이스로 한 향이 풍부한 비네그레트. 레몬즙만으로 신맛을 내서 상큼하게 만들었다. 따뜻한 샐러드 등에 사용하여 향을 심플하면서도 최대한으로 살리면 좋다.

재료_ 완성 후 약 300cc
쥐 드 트뤼프* 180cc
E.V.올리브오일 90cc
레몬즙 50cc
트러플오일 3cc
소금 적당량
후추 적당량

* 쥐 드 트뤼프(트러플 주스)는 시판 제품 사용.

만드는 방법

01 볼에 소금, 후추를 넣고 쥐 드 트뤼프를 넣어 잘 섞는다.
02 E.V.올리브오일을 조금씩 넣으면서 휘저어 섞고, 마지막에 레몬즙과 트러플오일을 넣어 섞는다.
용도·보관 트러플은 열을 가하면 향이 나므로, 데친 아스파라거스나 어린 파 샐러드 등 따뜻한 요리에 곁들인다. 기본적으로 팰요할 때마다 만들고, 남은 것은 만든 날 모두 사용한다.

비네그레트 프랑세즈

vinaigrette française

프렌치드레싱

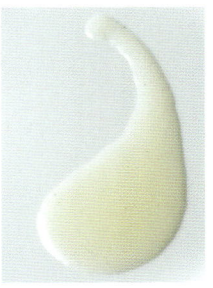

식용유, 사과식초, 마요네즈로 만드는 은은한 맛의 드레싱. 다양한 손님이 모이는 연회나 호텔 조식, 양식 스타일의 메뉴에 사용한다. 취향에 따라 비네거나 오일 종류를 다르게 조합한다.

재료_ 완성 후 약 300cc

소스 마요네즈(p.120) 8g

양파 35g

머스터드 2g

사과식초 40cc

식용유 250cc

소금 적당량

후추 적당량

만드는 방법

01 양파를 강판에 간다.

02 볼에 소스 마요네즈, 강판에 간 양파, 머스터드, 사과식초, 소금, 후추를 넣고 고루 잘 섞는다.

03 식용유를 조금씩 넣으면서 휘저어 섞는다.

용도·보관 호텔 커피숍, 연회, 조식 샐러드에 사용하며, 이탈리안드레싱(p.105) 등 다른 드레싱의 베이스로도 사용한다. 만든 날 모두 사용한다.

소스 비네그레트 오 퀴리

sauce vinaigrette au curry

카레 비네그레트

프렌치드레싱에 카레가루를 넣어 만든 일본인이 좋아하는 드레싱. 블랙올리브, 푸른피망, 붉은 피망, 토마토를 식감과 색 구성에 따라 악센트로 사용한다. 허브를 넣어 상큼함을 더한다.

재료_ 완성 후 약 300cc

프렌치드레싱(p.103) 300cc

카레가루 3g

블랙올리브 4g _ 소금절임

케이퍼 4g

푸른피망 4g

붉은피망 4g

코르니숑* 4g

토마토 1개

레몬즙 조금

이탈리안파슬리 1g

처빌 1g

타라곤 1g

소금 적당량

후추 적당량

* 오이초절임(피클)

만드는 방법

01 블랙올리브, 케이퍼, 푸른피망, 붉은피망, 코르니숑, 토마토(껍질을 벗기고 씨를 제거한 것)를 각각 브뤼누아즈한다. 이탈리안파슬리, 처빌, 타라곤 잎은 아셰한다.

02 약간의 프렌치드레싱에 카레가루를 넣어 섞고, 나머지 프렌치드레싱에 넣어서 고루 잘 섞는다.

03 프렌치드레싱과 카레가루를 섞은 **02**에 나머지 재료를 모두 넣고 섞은 후 소금, 후추로 간을 하고 마무리한다.

용도·보관 어패류 전채나 돼지고기 테린(terrine, 곱게 간 생선이나 닭고기 등을 단지나 틀에 채워서 찐 뒤 식혀서 먹는 요리)의 소스로 사용한다. 변색되기 쉬우므로 사용하기 직전에 만들어서 빨리 모두 사용한다.

비네그레트 이탈리안

vinaigrette italienne

이탈리안드레싱

프렌치드레싱에 알싸하게 매운 스위트칠리소스와 파르메산치즈를 넣은, 어딘지 익숙한 맛의 드레싱. 허브로 푸른 차즈기도 사용하여 누구나 먹기 좋은 맛으로 만든다.

재료_ 완성 후 약 300cc
프렌치드레싱(p.103) 220cc
스위트칠리소스* 80cc
마늘 3g
바질 3g
이탈리안파슬리 2g
푸른 차즈기 1장
파르메산치즈 8g
소금 적당량
후추 적당량

만드는 방법

01 마늘은 심을 제거하여 강판에 간다. 바질, 이탈리안파슬리, 차즈기는 아셰하고. 파르메산치즈는 강판에 간다.

02 프렌치드레싱에 스위트칠리소스를 넣고 고루 섞는다. 마늘, 바질, 이탈리안파슬리, 차즈기, 파르메산치즈를 넣고 섞은 후 소금, 후추로 간을 하여 마무리한다.

용도·보관 연회나 호텔 조식 등 다양한 사람들이 모이는 자리의 샐러드에 사용한다. 만든 날 모두 사용한다.

*타이의 맵고 새콤달콤한 소스.

비네그레트 자포네즈

vinaigrette japonaise

일본 스타일 드레싱 A

프렌치드레싱에 간장과 참기름을 넣은 일본 스타일 드레싱. 설탕을 넣어 먹기 좋게 만들었다. 양식 스타일 메뉴에 잘 어울리는 알아두면 편리한 소스이다.

재료_ 완성 후 약 300cc
프렌치드레싱(p.103) 240cc
생강 10g
마늘 1g
간장 30cc
사과식초 10cc
그래뉴당 15g
참기름 10cc
레몬즙 조금
레몬껍질 조금
소금 적당량
후추 적당량

만드는 방법

01 생강과 마늘을 강판에 갈고, 레몬껍질도 간다.
02 볼에 생강과 마늘을 넣고 간장, 사과식초, 그래뉴당을 넣어 고루 잘 섞는다.
03 그래뉴당이 녹으면 프렌치드레싱을 조금씩 넣으면서 휘저어 섞고, 참기름, 레몬즙, 레몬껍질 간 것을 넣어 섞고, 소금과 후추로 간을 하여 마무리한다.

용도·보관 연회나 호텔 조식 등 다양한 사람들이 모이는 자리의 샐러드에 사용한다. 상온에서 2~3일 보관 가능.

비네그레트 자포네즈

vinaigrette japonaise

일본 스타일 드레싱 B

일본 스타일 드레싱A에 비해 조금 순한 맛의 드레싱. 간장과 쌀식초를 베이스로 하고, 끓여서 알코올을 날린 맛술을 넣어 부드러운 것이 특징. 마지막에 넣는 타바스코가 맛의 악센트이다.

재료_ 완성 후 약 300cc

양파 70g

생강 5g

마늘 2g

간장 60cc

맛술 15cc_ 끓여서 알코올을 날린 것

쌀식초 100cc

그래뉴당 10g

식용유 100cc

참기름 15cc

레몬즙 10cc

타바스코 조금

소금 적당량

후추 적당량

만드는 방법

01 양파, 생강, 마늘을 강판에 간다.

02 볼에 양파, 생강, 마늘을 넣고 간장, 맛술, 쌀식초, 그래뉴당을 넣어 고루 잘 섞는다.

03 식용유를 조금씩 넣으면서 휘저어 섞는다. 마지막에 참기름, 레몬즙, 타바스코를 넣어서 섞고, 소금과 후추로 간을 하여 마무리한다.

용도·보관 맛이 진해서 이것만 사용하기보다 샐러드 스타일의 스파게티 베이스나 튀긴 채소에 곁들이는 소스로 사용한다. 상온에서 2~3일 보관 가능.

비네그레트 오 카로테

vinaigrette aux carottes

당근 드레싱

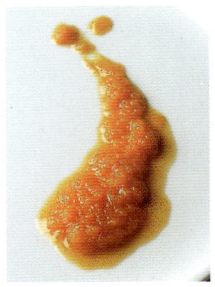

당근을 갈아 넣은 건강 드레싱. 당근이 가진 단맛을 살리기 위해 맛술과 사과식초를 사용한다.
채소를 살짝 익히면 떫은맛이 없어져 맛이 부드럽다.

재료_ 완성 후 약 300cc

당근 120g

양파 15g

생강 5g

마늘 3g

토마토 퓌레 20g

맛술 30cc

간장 20cc

물 20cc

사과식초 70cc

E.V.올리브오일 50cc

소금 적당량

후추 적당량

만드는 방법

01 당근, 양파, 생강, 마늘을 각각 강판에 간다.

02 냄비에 맛술을 넣어 끓인다. 여기에 당근, 양파, 생
강, 마늘, 토마토 퓌레, 간장, 물을 넣고 살짝 끓여서 채
소를 익힌다. 거품이 나면 걷는다.

03 식으면 사과식초와 E.V.올리브오일을 넣어 섞고,
소금과 후추로 간을 맞춘다.

용도·보관 당근의 단맛과 풍미를 느끼기 위해 살짝
익힌 토마토 등의 심플한 샐러드에 사용한다. 만든 날
보다 다음날 먹어야 맛이 더 잘 어우러져서 맛있다.
3일간 냉장보관 가능.

소스 라비고트

sauce ravigote

라비고트 소스

비네거에 양파, 케이퍼, 허브를 넣어 만든 익숙한 맛의 소스. 올리브오일만으로는 식감이 조금 무겁기 때문에 같은 양의 식용유를 넣는데, 취향에 따라 조절할 수 있다.

재료_ 완성 후 약 300cc

화이트와인비네거 60cc

E.V.올리브오일 90cc

식용유 90cc

양파 60g

케이퍼 30g

이탈리안파슬리 8g

차이브 2g

타라곤 4g

처빌 2g

머스터드 8g

소금 적당량

후추 적당량

만드는 방법

01 양파를 아셰하여 물에 담갔다가 물기를 뺀다. 케이퍼는 콩카세하고, 이탈리안파슬리는 아셰한다. 차이브, 타라곤, 처빌 잎도 곱게 다진다.

02 볼에 화이트와인비네거, 머스터드, 소금, 후추를 넣어 잘 섞는다.

03 02에 E.V.올리브오일과 식용유를 조금씩 넣으면서 휘저어 섞는다.

04 마지막에 양파, 케이퍼, 이탈리안파슬리, 차이브, 타라곤, 처빌을 넣어 섞는다.

용도·보관 신맛과 매운맛을 살려 돼지고기 테린(terrine, 곱게 간 생선이나 닭고기 등을 단지나 틀에 채워서 찐 뒤 식혀서 먹는 요리)이나 테트 드 프로마주(tete ce fromage, 돼지머리 테린) 등의 농후한 요리나 닭가슴살 샐러드의 소스로 사용한다. 약 3일간 냉장보관 가능.

소스 오 비네그르 발자미크

sauce au vinaigre balsamique

발사믹 소스

발사믹비네거를 베이스로 하며, 퐁 드 레큄을 넣어 요리에 잘 어울리게 만든 소스이다. 진한 맛의 15년산 발사믹비네거를 마지막에 넣어 향을 살린다.

재료_ 완성 후 약 300cc
발사믹비네거   200cc
퐁 드 레큄(p.56)   300cc
글라스 드 비앙드(p.33)   40g
코리앤더 시드*   1g
E.V.올리브오일   100cc
발사믹비네거   30cc_15년산
소금   적당량
후추   적당량

＊코리앤더(고수) 시드를 말린 향신료로 달고 상쾌한 향이다.

만드는 방법

01 냄비에 발사믹비네거, 글라스 드 비앙드를 넣고 약한불로 끓여서 반 정도로 졸인다.

02 퐁 드 레큄과 으깬 코리앤더 시드를 넣고 다시 반으로 졸인다.

03 소금, 후추로 간을 맞추고 불을 끈다. 마지막에 E.V.올리브오일과 발사믹비네거(15년산)를 넣어 섞는다.

용도·보관 익힌 채소를 무치거나, 흰살생선의 푸알레나 포셰의 소스로 사용한다. 숙성된 발사믹비네거의 풍부한 향이 포인트이므로, 만든 당일에 모두 사용한다.

소스 베르쥐테 마리안느

sauce verjutée「Marie-Anne」

마리안느풍 베르쥐테 소스

덜 익은 포도를 짠「버주스」는 포도 수확기에만 나오는 귀한 재료. 이것을 생각하며 사과와 당
근으로 만든, 새콤달콤하고 깊은 맛이 있는 소스이다.

재료_ 완성 후 약 300cc

사과 200g

당근 100g

화이트와인비네거 50cc

발사믹비네거 300cc

루비 포트와인 50cc

글라스 드 비앙드(p.33) 30g

블랙 미뇨네트 3g

소금 적당량

후추 적당량

올리브오일 20cc

만드는 방법

01 사과는 껍질을 벗겨 8mm 크기 주사위모양으로, 당
근은 5mm 크기 주사위모양으로 데(dé)한다.

02 냄비에 올리브오일을 두르고, 사과와 당근을 넣어
쉬에한다(너무 끓여서 재료가 뭉그러지지 않게 한다). 화이
트와인비네거로 데글라세하고, 발사믹비네거와 포트
와인을 넣어 약한불로 졸인다.

03 반으로 졸면 글라스 드 비앙드와 미뇨네트를 넣고
소금, 후추로 간을 맞춘다.

용도·보관 푸아그라 푸알레 등의 농후한 요리에 맛의
악센트를 주기 위해 곁들인다. 사과의 풍미가 없어지지
않도록 밀폐하여 냉장하면 2~3일 보관 가능.

소스 오 비네그르

sauce au vinaigre

생선 풍미의 비네거 소스

생선뼈를 구워 미르푸아, 비네거, 와인을 넣고 졸인 산뜻한 신맛의 소스. 생선의 고소함을 끌어
내고 비린내를 잡아줄 데글라세가 중요한 포인트이다. 따뜻하게 데우면 감칠맛이 살아난다.

재료 _ 완성 후 약 300cc
흰살생선 뼈 500g
미르푸아
┌ 양파 100g
│ 당근 150g
│ 셀러리 70g
└ 파 70g
레드와인비네거 120cc
화이트와인비네거 120cc
머스터드 30g
토마토페이스트 30g
캐러멜 아주 조금
화이트와인 300cc
소금 적당량
후추 적당량
버터 적당량
올리브오일 적당량

만드는 방법

01 흰살생선 뼈를 물로 깨끗이 씻어서 물기를 제거한
다. 양파, 당근, 셀러리, 파는 각각 5㎜ 두께로 에맹세
한다.

02 프라이팬에 올리브오일을 조금 두르고, 생선뼈를
넣어 약한불로 뭉근히 노릇하게 굽는다.

03 다른 냄비에 올리브오일을 두르고 미르푸아를 쉬
에한다. 여기에 **02**의 구운 생선뼈를 넣고, 레드와인비
네거와 화이트와인비네거를 여러 번 나누어 넣어 데글
라세한다.

04 머스터드, 토마토페이스트, 캐러멜, 화이트와인을
섞어서 **03**의 냄비에 넣고 뭉근히 졸여 맛이 잘 어우러
지게 한다. 시누아로 거른다.

05 요리에 사용할 때는 필요한 양을 따뜻하게 데워서
버터로 몽테하고, 소금과 후추로 간을 맞춘다.

용도·보관 따뜻한 소스로 농어 등의 생선 푸알레나
그리예에 사용한다. 3~4일 냉장보관 가능.

소스 오마르 오 비네그르

sauce homard au vinaigre

바닷가재맛 비네거 소스

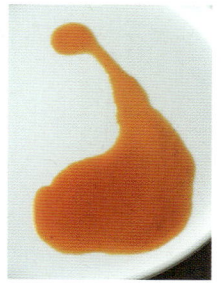

바닷가재 껍데기로 만드는 가벼운 신맛의 소스. 비네거는 바닷가재와 궁합이 잘 맞는 타라곤비네거를 사용한다. 토마토와 토마토페이스트를 넣어 소스에 가벼운 신맛과 색을 더한다.

재료_ 완성 후 약 300cc

바닷가재 껍데기* 500g

미르푸아

- 양파 50g
- 당근 50g
- 셀러리 20g
- 양송이버섯 20g
- 마늘 1쪽_ 껍질째

코냑 조금

타라곤비네거 80cc

마데이라 60cc

화이트와인 60cc

퓌메 드 푸아송(p.58) 750cc

토마토 1개

토마토페이스트 60g

타라곤 줄기 1개

소금 조금

후추 조금

올리브오일 15cc

버터 15g

만드는 방법

01 양파, 당근, 셀러리를 각각 1㎝ 크기 주사위모양으로 데(dé)하고, 양송이버섯은 카르티에한다. 마늘은 살짝 으깬다.

02 프라이팬에 올리브오일과 버터를 넣고 바닷가재 껍데기를 넣어 색이 나도록 가볍게 볶고, 미르푸아를 넣어 전체에 고루 색이 나게 볶는다. 체에 밭쳐서 데그레세하고, 바닷가재 껍데기와 미르푸아를 깊은 냄비에 담는다.

03 02의 프라이팬을 코냑으로 플랑베한 후 타라곤비네거를 넣어 데글라세하고, 이 국물을 바닷가재 껍데기와 미르푸아가 담긴 냄비에 넣는다.

04 마데이라와 화이트와인을 넣어 거품을 걷으면서 끓이고, 퓌메 드 푸아송을 넣고 끓이면서 거품을 계속 걷는다. 토마토, 토마토페이스트, 타라곤 줄기를 넣고 미조테 상태로 1/3까지 졸이면서 거품을 수시로 걷는다.

05 소금, 후추로 간을 맞추고 시누아로 거른다.

용도·보관 바닷가재 전채요리, 메인요리에 사용하며, 흰살생선의 소스로도 좋다. 2일간 냉장보관 가능.

* 바닷가재 껍데기는 요리용으로
껍데기째 삶은 바닷가재를 껍데기만 벗겨서 사용한다.

비네그레트 드 오마르 오 자그륌

vinaigrette de homard aux agrumes

감귤맛 바닷가재 드레싱

바닷가재에 오렌지와 자몽 과즙을 넣은 어패류용 드레싱. 먼저 베이스 소스를 만들고, 비네거
와 오일로 마무리한다. 그랑 마르니에로 깊은 맛을 더한다.

재료_ 완성 후 약 300cc

감귤맛 바닷가재 소스 250cc

- 바닷가재 1마리(500g)
- 양파 50g
- 당근 50g
- 펜넬 20g
- 셀러리 25g
- 마늘 1쪽_ 껍질째
- 그랑 마르니에 20cc
- 화이트와인 50cc
- 오렌지즙 360cc
- 자몽즙 360cc
- 퐁 드 오마르(p.50) 250cc
- 사프란 조금
- 레몬글라스 적당량_ 신선한 것
- 레몬밤 적당량_ 신선한 것
- 올리브오일 적당량
- 화이트발사믹비네거 50cc
- 그랑 마르니에 15cc
- 페르노 10cc
- E.V.올리브오일 45cc
- 소금 적당량
- 후추 적당량

만드는 방법

■ 감귤맛 바닷가재 소스를 만든다

01 바닷가재를 껍데기째 토막 내고, 올리브오일로 구
운 색이 나게 볶는다. 체에 밭쳐서 데그레세하고, 같은
냄비에 브뤼누아즈한 양파, 당근, 펜넬, 셀러리와 살짝
으깬 마늘을 넣어 볶는다.

02 바닷가재를 냄비에 다시 담고, 그랑 마르니에와 화
이트와인으로 데글라세한다. 오렌지와 자몽 과즙, 퐁
드 오마르를 넣고, 끓으면 거품을 걷으면서 미조테 상
태로 끓인다.

03 반 정도로 줄면 시누아로 거른 후 사프란, 레몬그
라스, 레몬밤을 넣어 다시 반 정도까지 졸이고, 시누아
로 거른다.

■ 소스를 완성한다

01 볼에 감귤맛 바닷가재 소스를 넣고 소금, 후추로
간을 맞춘다.

02 화이트발사믹비네거, 그랑 마르니에, 페르노,
E.V.올리브오일을 넣어 섞는다.

용도·보관 바닷가재나 전복, 감귤류를 함께 넣은 샐
러드 등 차가운 어패류요리에 사용한다. 2일간 냉장보
관 가능.

소스 비네그레트 오 쥐 드 카나르

sauce vinaigrette au jus de canard

오리 육즙소스를 넣은 비네그레트 소스

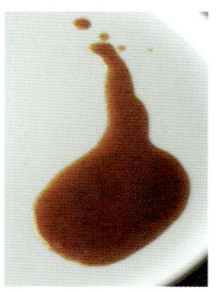

오리 육즙소스를 베이스로 하고, 쥐 드 트뤼프로 풍미를 더한 감칠맛 풍부한 드레싱. 오리 육즙
소스에 들어 있는 젤라틴이 굳기 쉬우므로 중탕 등으로 녹여서 사용한다.

재료_ 완성 후 약 300cc

쥐 드 카나르(p.73)　180cc

레드와인비네거　35cc

쥐 드 트뤼프　20cc_ 시판 제품

호두기름　70cc

소금　적당량

후추　적당량

만드는 방법

01 볼에 쥐 드 카나르, 레드와인비네거, 쥐 드 트뤼프
를 넣어 섞고 소금, 후추로 간을 맞춘다.

02 호두기름을 조금씩 넣으면서 휘저어 섞는다.

용도 · 보관 호두기름 드레싱을 뿌린 새끼오리 샐러드
(p.117)와 같이 오리, 뿔닭, 비둘기 등의 요리에 사용한
다. 이런 고기류를 이 드레싱으로 마리네해도 맛이 좋
다. 식으면 젤라틴이 굳으므로 중탕으로 매끄럽게 녹여
서 사용한다. 2~3일 냉장보관 가능.

소스 푸아 드 볼라유 오 비네그르

sauce foie de volaille au vinaigre

닭간을 넣은 비네거 소스

신선한 닭간을 사용한 고소하고 감칠맛 풍부한 드레싱. 오리 샐러드 등 고기로 만든 샐러드에
잘 어울린다. 쥐 드 트뤼프를 넣어 향을 더한다.

재료_ 완성 후 약 300cc

닭간   150g

코냑   조금

머스터드   30g

레드와인 비네거   25cc

쥐 드 카나르(p.73)   75cc

호두기름   50cc

쥐 드 트뤼프   60cc

레몬즙   적당량

버터   적당량

소금   적당량

후추   적당량

만드는 방법

01 닭간에 소금, 후추를 뿌리고, 버터로 소테한다. 미
디엄 정도로 구운 후 코냑을 넣어 데글라세한다.

02 따뜻할 때 닭간을 고운체로 내려서 식힌다.

03 머스터드를 넣어 섞고, 레드와인비네거, 쥐 드 카
나르, 호두기름도 넣어 섞는다.

04 소금, 후추로 간을 맞추고, 쥐 드 트뤼프와 레몬즙
을 넣어 풍미를 낸다.

용도·보관 오리 같은 가금류 샐러드에 사용한다. 간
을 사용해서 보관은 불가능하다. 팰요할 때마다 만들어
서 빠른 시간 안에 모두 사용한다.

소스 푸아 드 볼라유 오 비네그르 사용

무 콩피와 푸아그라 꼬치를 곁들이고
호두기름 드레싱을 뿌린 프랑스산 새끼오리 샐러드
salade de canette de France à l'huile de noix,
brochette de navet confit et de foie gras

프랑스산 새끼오리에 채소를 듬뿍 넣은 에티피타이저 샐러드. 새끼
오리는 통째로 로티르하여 얇게 썰고, 소스 비네그레트 오 쥐 드 카
나르(p.115)로 마리네한다. 마리네하는 동안 오리의 감칠맛이 비네
그레트에 배어나오고, 비네그레트가 오리에 스며들어 맛이 더욱 풍
성해진다. 이 비네그레트는 젤라틴이 들어 있어 상온에서도 조금 굳
기 때문에, 서빙할 때는 살짝 데워서 부드럽게 만들어 마리네한 소
스와 함께 낸다. 다릿살은 콩피한 후 머스터드와 향미채소를 넣은
빵가루를 묻혀 굽는다. 샐러드는 가운데에 잎을 풍성하게 올리는데,
아삭한 식감을 살리기 위해 자르지 않고 큰 잎 그대로 닭간을 넣은
비네그레트 소스에 버무려 곁들인다. 또한, 캐러멜화하여 부드럽게
조린 무와 푸아그라 테린(terrine, 곱게 간 생선이나 닭고기 등을 단지나
틀에 채워서 찐 뒤 식혀서 먹는 요리) 꼬치를 곁들인다. 트러플과 마늘
을 갈아서 얹고, 구운 빵을 함께 낸다.

... érable (Twinkle)

Petit pot ... érade

$\Sigma\varepsilon=\sigma^{9r}(\chi)$ · $\beta\text{-}r\zeta$/

$\Sigma=\rho\text{-}r\zeta$

$\beta\text{-}r\zeta$

Gratin huître (Twinkle)

3. Gratin huître

3. Graine gingembre (Twinkle)

3. Rôti canard

3. G. Fromage

3. Tarte Tatin ... cannelle

DATE 12/17

SAUCES À BASE DE JAUNE D'ŒUF

달걀노른자 베이스의 소스

소스 마요네즈

sauce mayonnaise

마요네즈

비네거를 조금 많이 사용하는, 신맛이 강하고 뒷맛이 좋은 마요네즈. 식용유 대신 올리브오일로 만들 수도 있지만, 색이 녹색을 띠고 맛이 무거워진다.

재료_ 완성 후 약 300cc

달걀노른자* 1개

머스터드 15g

화이트와인비네거 30cc

식용유 250cc

소금 적당량

후추 적당량

* 달걀노른자는 달걀 1개가 55~60g인 것을 사용한다.

01 볼에 달걀노른자, 머스터드, 소금, 후추를 넣는다. 달걀노른자는 알끈을 제거한다.

02 화이트와인비네거를 조금 넣고 섞어서 소금을 녹인다. 비네거는 소금이 녹을 정도의 양이 좋다.

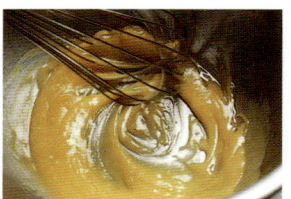

03 식용유를 조금씩 넣으면서 휘저어 섞는다. 식용유를 한꺼번에 넣으면 유화되기 전에 분리되므로 조금씩 넣는다.

04 식용유를 모두 넣기 전에 나머지 화이트와인비네거를 넣어 섞는다. 비네거는 마요네즈 농도를 조절하기 위한 것으로 취향이나 용도에 따라 양을 조절한다.

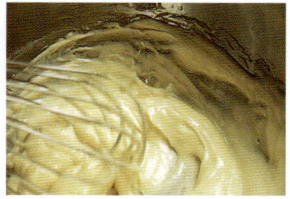

05 나머지 식용유를 넣고 마무리한다. 식용유를 모두 넣은 후 비네거를 넣으면 마요네즈 색이 하얗게 되므로 반드시 식용유를 조금 남겨두었다 마지막에 넣는다.

06 마요네즈 완성. 그대로 사용하는 이외에도 여러 가지 드레싱이나 소스의 베이스로 사용한다. 3일간 냉장보관 가능.

소스 베르

sauce verte

그린소스

예쁜 초록빛과 상큼한 향이 특징인 마요네즈 소스. 시금치만으로는 풍미가 약하므로 크레송과 파슬리를 넣어 풍미를 높이고, 처빌과 타라곤으로 더욱 상큼하게 맛을 낸다.

재료_ 완성 후 약 300cc

소스 마요네즈(p.120) 300cc

시금치 60g

크레송 50g

파슬리 50g

처빌 20g

타라곤 10g

소금 적당량

후추 적당량

만드는 방법

01 시금치, 크레송, 파슬리를 뜨거운 물에 살짝 데쳐서 얼음물에 차게 헹구고, 체에 밭쳐서 물기를 뺀다.

02 데친 채소와 처빌, 타라곤을 믹서에 넣고 퓌레 상태로 갈아서 고운체로 거른다.

03 고운 면보자기를 깔고 자연스럽게 물기가 빠지게 둔다.

04 03과 마요네즈 소스를 섞고 소금, 후추로 간을 맞춘다.

용도·보관 바닷가재 테린(terrine, 곱게 간 생선이나 닭고기 등을 단지나 틀에 채워서 찐 뒤 식혀서 먹는 요리)을 비롯하여 어패류를 사용한 차가운 요리의 소스로 사용한다. 색이 옅어지기 쉬우므로 냉장해서 만든 다음날까지 모두 사용한다.

소스 제누아즈

sauce Génoise

제노바 스타일 소스

피스타치오와 잣을 베이스로 하여 만든 마요네즈 소스. 레몬의 상큼한 신맛과 허브향, 뒷맛에서 느껴지는 견과류의 깊은 맛이 특징이다. 색이 고운 전통적인 소스이다.

재료_ 완성 후 약 300cc

피스타치오 10g

잣 6g _ 또는 아몬드

소스 베샤멜(p.222) 2g

달걀노른자 2개

레몬즙 20cc

소금 적당량

후추 적당량

E.V.올리브오일 250cc

허브 퓌레* 10g

＊파슬리, 처빌, 타라곤, 차이브 잎 4g씩을
2분 정도 데쳐서 찬물에 헹구고,
물기를 빼서 고운체에 내린 것.

만드는 방법

01 구운 피스타치오와 잣을 절구에 곱게 빻은 후 소스 베샤멜을 넣고 섞어서 고운체로 거른다.

02 01에 달걀노른자를 섞고 소금, 후추, 레몬즙을 넣어 간을 맞춘다. E.V.올리브오일을 조금씩 넣으면서 거품기로 휘저어 섞는다.

03 마지막에 허브 퓌레를 넣어 섞는다.

용도·보관 생선이나 돼지고기 등 흰 살코기가 들어간 차가운 요리에 사용한다. 선명한 색이 연회나 뷔페 등에 알맞다. 만든 다음날까지 보관할 수 있지만 되도록 빨리 모두 사용한다.

소스 오로르

sauce aurore

오로라 소스

오로라 소스는 클래식 소스 중 하나이다. 케첩과 소스의 농축된 맛에 거품을 낸 생크림의 부드러움과 가벼움, 타바스코와 레몬의 섬세함을 더한다.

재료_ 완성 후 약 300cc

소스 마요네즈(p.120) 150cc

머스터드 10g

생크림 60cc_ 70% 거품

토마토케첩 90cc

우스터소스 조금

코냑 5cc

타바스코 조금

레몬즙 10cc

소금 적당량

후추 적당량

만드는 방법

01 소스 마요네즈에 머스터드, 70% 거품을 낸 생크림(거품기로 크림을 들어올렸을 때 끝이 조금 많이 구부러지는 정도), 토마토케첩을 넣어 섞는다.

02 우스터소스, 코냑, 타바스코, 레몬즙을 넣고, 소금과 후추로 간을 맞춘다.

용도·보관 어패류와 채소로 만든 테린(terrine), 곱게 간 생선이나 닭고기 등을 단지나 틀에 채워서 찐 뒤 식혀서 먹는 요리), 바닷가재 요리에 잘 어울린다. 쇼프루아(p.145)에 조금 넣어서 색을 내거나, 심플하게 스테이크샐러드의 소스로 곁들인다. 2일간 냉장보관 가능.

소스 오 퀴리

sauce au curry

카레 마요네즈 소스

카레맛의 차가운 요리용 소스. 마요네즈만으로는 무겁기 때문에, 프렌치드레싱과 섞어서 가볍게 만들어 요리에도 사용하기 좋은 농도를 만든다. 강황이 없으면 카레가루만 넣어도 좋다.

재료_ 완성 후 약 300cc

소스 마요네즈(p.120) 120cc
프렌치드레싱(p.103) 180cc
카레가루 8g
강황가루 3g
소금 적당량
후추 적당량

만드는 방법

01 볼에 카레와 강황가루를 넣고 프렌치드레싱을 넣어 섞는다.

02 01과 소스 마요네즈를 섞고 소금, 후추로 간을 맞춘다.

용도·보관 참치나 가다랑어 등의 붉은살생선 마리네나 닭가슴살의 차가운 요리에 사용한다. 토란이나 콩류와도 궁합이 잘 맞는다. 5~6일 냉장보관 가능.

소스 오 퀴리 사용

유기농 토마토를 곁들인
카레 풍미의 참치 마리네

참치는 겉을 그리예하여 썬 것을 간장, 사과식초, 맛술 등으로 마리네한다. 그리고 토마토, 양파 등의 채소와 함께 샐러드를 만들었다. 접시 주변에 뿌린 소스는 소스 오 퀴리와 함께 졸인 발사믹비네거. 참치에 간이 배어 있지만 소스를 찍어 먹는다.

소스 타르타르

sauce tartare

타르타르 소스

소스로 사용하기 좋은, 달걀을 조금 넣어 만든 타르타르 소스. 삶은달걀의 흰자는 체로 두 번
내려서 부드럽게 만든다. 코르니숑과 케이퍼의 아삭아삭한 식감과 신맛이 악센트이다.

재료_ 완성 후 약 300cc

소스 마요네즈(p.120) 250cc

달걀 1개

양파 40g

코르니숑[*] 10g

케이퍼 10g

파슬리 5g

레몬즙 적당량

소금 적당량

후추 적당량

* 오이초절임(피클)

만드는 방법

01 달걀을 완숙으로 삶아 껍질을 벗긴다. 달걀노른자
와 흰자를 분리하여 각각 고운체에 내리는데, 흰자는
2번 내린다.

02 양파를 아세하여 물에 담갔다가 물기를 뺀다. 코르
니숑, 케이퍼, 파슬리를 콩카세한다.

03 01과 02를 섞고 소스 마요네즈를 넣어 섞는다. 레
몬즙을 넣고 소금, 후추로 간을 맞춘다.

용도·보관 어패류 튀김이나 소테에 사용. 샌드위치
재료에 조금 넣어서 맛에 악센트를 주기도 한다. 2일간
냉장보관 가능.

소스 타르타르 르 뒤크

sauce tartare 「Le Duc」

「르 뒤크」 스타일 타르타르 소스

파리에서 근무했던 「르 뒤크」에서 처음 만들고, 마음에 들어 계속 만들고 있는 소스. 앤초비와 코냑을 사용한 농후하고 기름진 맛이 특징이다. 카르파치오 등 익히지 않은 생선요리에 사용한다.

재료_ 완성 후 약 300cc

달걀노른자 1개

머스터드 8g

화이트와인비네거 5cc

E.V.올리브오일 200cc

앤초비 필레 12g

케이퍼 20알

코르니숑* 16g

레몬즙 조금

코냑 조금

소금 적당량

후추 적당량

카엔페퍼 아주 조금

* 오이초절임(피클)

만드는 방법

01 앤초비, 케이퍼, 코르니숑을 3㎜ 크기로 아셰한다.

02 볼에 달걀노른자, 머스터드, 화이트와인비네거를 넣어 섞고, E.V.올리브오일을 조금씩 넣으면서 마요네즈를 만드는 방법처럼 휘저어 섞는다.

03 02에 앤초비, 케이퍼, 코르니숑을 넣고 완전히 섞는다. 레몬즙, 코냑, 카엔페퍼를 넣고 소금, 후추로 간을 맞춘다.

용도·보관 브뤼누아즈한 날생선을 넣고 타르타르처럼 만들어 카르파치오 소스의 베이스로 사용한다. 거품 낸 생크림을 넣으면 식감이 가벼워진다. 3일간 냉장보관 가능.

소스 레물라드

sauce rémoulade

레물라드 소스

소스 마요네즈에 곱게 다진 코르니숑, 케이퍼, 머스터드, 허브를 넣은 소스. 톡 쏘는 신맛과 짠
맛이 있으며, 알싸한 맛도 있다.

재료_ 완성 후 약 300cc

소스 마요네즈(p.120) 250cc

앤초비페이스트 10g _ 시판 제품

머스터드 35g

코르니숑 25g

케이퍼 20g

이탈리안파슬리 10g

처빌 10g

타라곤 5g

레몬즙 조금

소금 적당량

후추 적당량

만드는 방법

01 코르니숑과 케이퍼를 2㎜ 크기로 아셰하고, 이탈
리안파슬리, 처빌, 타라곤 잎은 시즐레한다.

02 소스 마요네즈에 앤초비페이스트와 머스터드를 넣
고 섞는다. 코르니숑, 케이퍼와 함께 이탈리안파슬리,
처빌, 타라곤 등의 허브도 넣어 섞고, 레몬즙, 소금, 후
추로 간을 맞춘다.

용도·보관 쇠고기와 말고기 카르파치오, 훈제연어,
가다랑어타다키 등의 소스로 사용한다. 데친 시금치 등
의 채소와도 잘 어울린다. 3일 정도 냉장보관 가능.

사우전드아일랜드드레싱

thousand island dressing

사우전드아일랜드드레싱

칠리소스와 토마토케첩을 섞은 마요네즈에 잘게 다진 채소를 섞은 상큼한 소스. 최근에는 잘 만들지 않지만, 사실 모두가 좋아하는 소스이다.

재료_ 완성 후 약 300cc

소스 마요네즈(p.120) 200cc

그린올리브 4g _ 초절임

케이퍼 4g

코르니숑* 4g

양파 4g

푸른피망 4g

붉은피망 4g

셀러리 4g

스위트칠리소스* 30g

토마토케첩 8g

토마토페이스트 6g

사과식초 10cc

레몬즙 10cc

파프리카 3g

소금 적당량

후추 적당량

* 오이초절임(피클)
* 타이의 매콤달콤한 소스.

만드는 방법

01 그린올리브, 케이퍼, 코르니숑, 양파, 푸른피망, 붉은피망, 셀러리를 아셰한다.

02 소스 마요네즈에 **01**에서 아셰한 재료와 스위트칠리소스, 토마토케첩, 토마토페이스트, 사과식초, 레몬즙, 파프리카를 넣어 고루 섞고, 소금과 후추로 간을 맞춘다.

용도 · 보관 양식 메뉴나, 연회 등과 같이 다양한 사람들이 모이는 자리의 샐러드에 드레싱으로 사용한다. 2~3일 냉장보관 가능.

소스 그리비슈

sauce gribiche

그리비시 소스

삶은달걀을 넣은 마요네즈에 코르니숑, 케이퍼, 허브로 풍미를 더한 소스. 달걀노른자로 만든
마요네즈보다도 달걀맛이 강하다. 돼지고기와 송아지 테린 등에도 좋다.

재료_ 완성 후 약 300cc

삶은달걀 2개

머스터드 15g

화이트와인비네거 15cc

올리브오일 120cc

코르니숑 15g

케이퍼 15g

이탈리안파슬리 1g

처빌 1g

타라곤 1g

레몬즙 조금

소금 적당량

후추 적당량

만드는 방법

01 삶은달걀은 노른자와 흰자를 따로 고운체에 내린다.

02 코르니숑과 케이퍼는 아셰하고, 이탈리안파슬리,
처빌, 타라곤 잎은 시즐레한다.

03 볼에 체에 내린 달걀노른자, 머스터드, 화이트와인
비네거를 넣어 고루 잘 섞고, 올리브오일을 조금씩 넣
으면서 마요네즈를 만들듯이 휘저어 섞는다.

04 03에 체에 내린 달걀흰자와 02의 재료를 넣고 고
루 섞은 후 소금, 후추, 레몬즙으로 간을 맞춘다.

용도·보관 테트 드 프로마주(tête de fromage, 돼지머
리 테린)나 돼지볼살 줄레에 곁들이거나, 연어 등의 차
가운 요리에 사용한다. 2~3일 냉장보관 가능.

소스 올랑데즈

sauce Hollandaise

홀랜다이즈 소스

달걀노른자의 깊은 맛과 감칠맛이 특징인 홀랜다이즈 소스. 달걀을 계속 섞으면서 익혀 부드럽게 만든다. 뵈르 클라리피에를 사용하여 촉촉한 식감을 만든다.

재료_ 완성 후 약 300cc

달걀노른자 2개

물 30cc

화이트 미뇨네트 조금

화이트와인비네거 30cc

뵈르 클라리피에* 50cc

레몬즙 조금

소금 적당량

*정제 버터

01 냄비에 미뇨네트와 화이트와인비네거를 넣고 약한불로 졸인다(식초의 신맛과 잡내를 날리고, 후추향을 살린다). 한 김 식힌다.

02 다른 냄비에 01과 달걀노른자, 물을 넣고 거품기로 섞는데, 8자모양을 그리면서 리드미컬하게 저어 거품을 많이 만든다.

03 섞으면서 가열한다. 온도가 너무 높아서 타지 않도록 주의하며, 수시로 불에서 내려 거품을 낸다. 양이 적을 경우에는 중탕하며 작업한다.

04 거품기를 들었을 때 끝이 부드럽게 구부러지는 정도로 거품을 내고, 달걀이 익으면 40℃ 전후의 뵈르 클라리피에를 조금씩 넣는다. 이때도 계속 섞는다.

05 소금으로 간을 맞추고 시누아로 거른다. 더 부드럽게 만들고 싶으면 면보자기에 내린다.

06 레몬즙을 넣어 완성한다. 삶은 아스파라거스, 포치드 에그(수란), 생선 포셰에 소스로 사용한다. 기포가 사라지기 때문에 보관은 불가능하며, 만들자마자 모두 사용한다.

소스 무슬린

sauce mousseline

무슬린 소스

홀랜다이즈 소스에 단단하게 거품 낸 생크림을 넣어 부드럽게 만든 소스. 고운 기포가 입안에서
사르르 녹아 홀랜다이즈보다 가벼운 느낌이다.

재료_ 완성 후 약 300cc
달걀노른자 2개
물 40cc
뵈르 클라리피에 40cc
생크림 100cc
레몬즙 조금
소금 적당량
후추 적당량

만드는 방법

01 냄비에 달걀노른자와 물을 넣고 거품기로 저어 거
품을 낸다. 불에 올려 달걀을 익히고, 거품기를 들었을
때 끝이 뾰족하지 않고 뭉툭한 정도로 거품을 낸다. 만
드는 양이 적을 경우에는 중탕으로 작업한다.

02 뵈르 클라리피에를 조금씩 넣으면서 휘저어 섞은
후 시누아로 걸러서 소스 올랑데즈를 만든다.

03 생크림을 단단하게 거품을 내서 한 김 식힌 **02**에
넣고 소금, 후추, 레몬즙으로 간을 맞춘다.

용도·보관 소스 올랑데즈(p.130)와 마찬가지로 익힌
채소, 포치드 에그(수란), 생선 포셰에 곁들인다. 기포
가 없어지기 전에 빨리 모두 사용한다.

소스 사바용

sauce sabayon

사바용 소스

기포가 많이 들어 있는 폭신하고 가벼우며 따뜻한 소스. 입에 넣으면 사르르 녹고, 버터향과 달 걀노른자의 감칠맛이 남는다. 그라탱 등에 빠지지 않는 오래된 소스이다.

재료_ 완성 후 약 300cc

달걀노른자 2개

물 40cc

뵈르 클라리피에 40cc

레몬즙 조금

소금 적당량

후추 적당량

만드는 방법

01 냄비에 달걀노른자와 물을 넣고 거품기로 저어 거품을 낸다. 8자를 그리듯이 리드미컬하게 저어, 소스 올랑데즈(p.130)보다 거품을 더 많이 낸다.

02 불에 올려 온도가 너무 높아지지 않도록 주의하며 거품기를 들었을 때 끝이 뭉툭한 정도로 거품을 낸다. 양이 적을 경우에는 중탕으로 작업한다.

03 뵈르 클라리피에를 조금씩 넣으면서 휘저어 섞고 소금, 후추, 레몬즙으로 간을 맞춘다.

용도·보관 채소, 어패류, 닭고기 등의 그라탱에 사용. 기포가 생명이므로 요리할 때 만들어서 바로 사용한다.

소스 사바용 사용

그린 아스파라거스를 곁들인 샴페인 소스와 파슬리 풍미의 옥돔 로티르

옥돔에 샴페인 풍미의 사바용 소스를 사용해 재료 본래의 맛을 살린 요리. 소스는 에샬로트를 쉬에 하여 샴페인, 퓌메 드 푸아송, 생크림과 함께 졸이고, 토마토, 파슬리, 소스 사바용을 넣어 맛있게 만든다. 이것을 구운 후 샴페인으로 데글라세한 옥돔에 듬뿍 뿌린다. 미리 데쳐놓은 아스파라거스를 퐁 드 볼라유로 살짝 데워서 곁들인다.

소스 베아르네즈

sauce béarnaise

베아르네즈 소스

에샬로트와 타라곤, 비네거를 졸이고, 달걀노른자와 뵈르 클라리피에(정제 버터)를 넣어 거품을 낸 따뜻한 요리의 소스. 타라곤과 식초의 풍미가 고기나 생선 그리예와 잘 어울린다.

재료_ 완성 후 약 300cc

달걀노른자 4개	레몬즙 조금	*타라곤 레뒥숑(만들기 좋은 분량)
물 60cc	타라곤 3g	┌ 타라곤초절임 25g_ 시판 제품
타라곤 레뒥숑* 16g	처빌 3g	│ 타라곤초절임 국물 65cc
뵈르 클라리피에 70cc	소금 적당량	│ 에샬로트 10g
	후추 적당량	└ 화이트 미뇨네트 조금

01 냄비에 타라곤초절임과 국물, 아셰한 에샬로트, 미뇨네트를 넣고 약한불로 가열하여 타라곤 레뒥숑을 만든다. 수분이 없을 때까지 졸여서 식초를 날린다. 만든 분량 중 16g을 사용한다.

02 냄비에 달걀노른자, 물, 타라곤 레뒥숑을 넣고, 거품기로 리드미컬하게 저어 거품을 낸다.

03 불에 올려 온도가 너무 올라가지 않도록 주의하며 달걀노른자를 익힌다. 이때 쉬지 않고 계속 섞는데, 손의 움직임이 무거워지면 익은 것이다.

04 40℃ 전후의 따뜻한 뵈르 클라리피에를 조금씩 넣으면서 휘저어 섞는다.

05 소금, 후추로 간을 맞춘 후 레몬즙을 넣고, 타라곤과 처빌을 시즐레하여 넣는다.

06 타라곤과 처빌 등의 허브가 고루 섞이면 완성. 닭고기나 쇠고기, 생선의 푸알레나 그리예의 소스로 사용한다. 만들어서 그날 모두 사용한다.

소스 베아르네즈 사용

폼 막심과 미니샐러드를 곁들이고
베아르네즈 소스를 얹은 새끼토끼 스테이크

Steak de lapin à la sauce béarnaise,
pommes maxims et une petite salade

지방이 적고 담백한 토끼고기에는 부드럽고 깊은 맛의 베아르네즈
소스가 잘 어울린다. 심플하지만, 그만큼 토끼고기와 소스 두 가지
의 맛을 모두 살려준다. 토끼는 등심의 껍질과 힘줄을 제거하고, 땅
콩기름과 버터로 겉면에 색이 나게 리졸레한다. 금방 익으므로 빨리
꺼내서 충분히 맛이 배도록 휴지시킨다. 뼈가 붙은 등심도 땅콩기름
과 버터로 리졸레하고, 한쪽에 머스터드를 바른 후 파슬리와 다진
마늘을 섞은 빵가루를 묻혀 굽는다. 콩팥도 리졸레해둔다. 이것들을
접시에 담은 후 등심에는 소스 베아르네즈를 곁들이고, 콩팥에는 차
이브, 래디시, 참기름을 올린다. 곁들인 것은 얇고 둥글게 슬라이스
한 감자를 뵈르 클라리피에(정제 버터)에 넣었다 꺼내서 오븐에 구운
폼 막심, 그리고 크레송과 처빌을 섞은 어린잎 샐러드이다. 샐러드
에는 호두기름으로 만든 소스 비네그레트(p.98)를 뿌린다.

소스 베아르네즈 오 퀴리

sauce béarnaise au curry

카레맛 베아르네즈 소스

카레가루를 넣어 풍미를 더한 소스 베아르네즈. 카레향이 식욕을 돋울 뿐만 아니라, 어패류 맛에 질리지 않게 하는 효과도 있다. 궁합이 잘 맞는 새우나 생선요리에 곁들인다.

재료_ 완성 후 약 300cc

달걀노른자　4개

물　60cc

타라곤 레뒥숑*　16g

뵈르 클라리피에　60cc

카레가루　5g

레몬즙　조금

소금　적당량

후추　적당량

타라곤　3g

처빌　3g

*타라곤 레뒥숑(만들기 좋은 분량)
┌ 타라곤초절임　25g _ 시판 제품
│ 타라곤초절임 국물　65cc
│ 에샬로트　10g
└ 화이트 미뇨네트　조금

만드는 방법

01 타라곤 레뒥숑을 만든다. 냄비에 타라곤초절임과 국물, 아셰한 에샬로트, 미뇨네트를 넣어 약한불로 끓이는데, 수분이 없어질 때까지 졸여서 식초를 날린다. 만든 분량 중 16g을 사용한다.

02 다른 냄비에 달걀노른자, 물, 타라곤 레뒥숑을 넣고 거품기로 골고루 부드럽게 섞는다.

03 불에 올려 온도가 너무 높지 않도록 주의하며 달걀노른자를 익히는데, 쉬지 않고 계속 젓는다.

04 40℃ 전후의 따뜻한 뵈르 클라리피에를 조금씩 넣으면서 휘저어 섞는다.

05 카레가루를 넣고 소금, 후추로 간을 맞춘 후 레몬즙을 넣는다. 시즐레한 타라곤과 처빌을 넣어 섞는다.

용도·보관 카레 풍미와 잘 어울리는 어패류 튀김이나 새우 푸알레에 사용한다. 기포가 없어지므로 가능하면 빨리 모두 사용한다.

소스 쇼롱

sauce Choron

쇼롱 소스

토마토페이스트를 넣어 상쾌한 신맛이 나는 소스 베아르네즈. 폴 보퀴즈(Paul Bocuse)의 대표요리인 「파이로 싼 농어」의 소스로 알려져 있다. 신선한 토마토를 넣어도 좋다.

재료_ 완성 후 약 300cc

달걀노른자 4개
물 60cc
타라곤 레뒥숑* 16g
뵈르 클라리피에 60cc
토마토페이스트 30g
레몬즙 조금
소금 적당량
후추 적당량
타라곤 3g
처빌 3g

* 타라곤 레뒥숑(만들기 좋은 분량)
┌ 타라곤초절임 25g_ 시판 제품
│ 타라곤초절임 국물 65cc
│ 에샬로트 10g
└ 화이트 미뇨네트 조금

만드는 방법

01 타라곤 레뒥숑을 만든다. 냄비에 타라곤초절임과 국물, 아셰한 에샬로트, 미뇨네트를 넣어 약한불로 끓이는데, 수분이 없어질 때까지 졸여 식초를 날린다. 만든 분량 중 16g을 사용한다.

02 다른 냄비에 달걀노른자, 물, 타라곤 레뒥숑을 넣고 거품기로 골고루 부드럽게 섞는다.

03 불에 올려 온도가 너무 높지 않도록 주의하며 달걀노른자를 익히는데, 쉬지 않고 계속 젓는다.

04 40℃ 전후의 따뜻한 뵈르 클라리피에를 조금씩 넣으면서 휘저어 섞는다.

05 토마토페이스트를 넣고 소금, 후추로 간을 맞춘 후 레몬즙을 넣는다. 시즐레한 타라곤과 처빌을 넣어 섞는다.

용도·보관 파이로 싸서 구운 생선이나 쇠고기 또는 돼지고기 그리예의 소스로 사용한다. 기포가 없어지므로 빨리 모두 사용한다.

GELÉES ET SAUCES CHAUD-FROID

줄레와 쇼프루아

줄레 드 오마르

gelée de homard

바닷가재 줄레

퐁 드 오마르를 클라리피에하고 젤라틴을 넣어 굳힌 줄레는 깔끔한 바닷가재의 향과 단맛이 느껴진다. 달걀흰자를 완전히 익혀 쥐를 충분히 맑게 만드는 것이 포인트이다.

재료_ 완성 후 약 1ℓ

퐁 드 오마르(p.50) 1.4ℓ
당근 12g
파 12g
셀러리 6g
양송이버섯 12g
파슬리 줄기 6g
달걀흰자 1개
판젤라틴 10~12g
올리브오일 조금

만드는 방법

01 당근, 파, 셀러리, 양송이버섯, 파슬리 줄기를 모두 브뤼누아즈한다.

02 냄비에 올리브오일을 조금 두르고 **01**의 채소를 넣어 쉬에한다. 퐁 드 오마르를 조금 넣고 60% 정도 거품을 낸 달걀흰자를 넣어 잘 섞는다.

03 다른 냄비에 나머지 퐁 드 오마르를 붓고 **02**를 넣어 센불로 가열한다. 끓으면 약한불로 줄이고, 달걀흰자가 거품을 흡착하여 위로 뜨면 레이들로 가운데에 구멍(지름 6~7㎝)을 낸다. 그대로 10분 정도 끓이는데, 중간에 물에 불려둔 판젤라틴을 넣어 가볍게 섞는다.

04 시누아에 면보자기를 깔고, **03**을 넘치지 않도록 조금씩 부어 거른다. 위에 뜬 기름을 키친타월로 걷고, 얼음물에 넣어 한 김 식힌 후 차게 식힌다.

용도·보관 갑각류로 만든 전채요리나 바닷가재 테린(terrine, 곱게 간 생선이나 닭고기 등을 단지나 틀에 채워서 찐 뒤 식혀서 먹는 요리)에 곁들인다. 냉장하면 2~3일 보관 가능.

줄레 드 랑구스틴

gelée de langoustine

랑구스틴 줄레

퐁 드 랑구스틴을 달걀흰자로 클라리피에한 줄레. 줄레 드 오마르보다 단맛이 강하고, 작은 바닷가재의 향이 입안 가득 퍼진다.

재료_ 완성 후 약 1ℓ
퐁 드 랑구스틴(p.53) 1.4ℓ
당근 12g
파 12g
셀러리 6g
양송이버섯 12g
파슬리 줄기 6g
달걀흰자 1개
판젤라틴 10~12g
올리브오일 조금

만드는 방법

01 당근, 파, 셀러리, 양송이버섯, 파슬리 줄기를 모두 브뤼누아즈한다.

02 냄비에 올리브오일을 조금 두르고 **01**의 채소를 넣어 쉬에한다. 퐁 드 랑구스틴을 조금 붓고 60% 정도 거품을 낸 달걀흰자를 넣어 잘 섞는다.

03 다른 냄비에 나머지 퐁 드 랑구스틴을 붓고, **02**를 넣어 센불로 끓인다. 끓으면 약한불로 줄이고, 달걀흰자가 거품을 흡착하여 위로 뜨면 레이들로 가운데에 구멍(지금 6~7㎝)을 낸다. 그대로 10분 정도 끓이는데, 중간에 물에 불려둔 판젤라틴을 넣어 가볍게 섞는다.

04 시누아에 면보자기를 깔고, **03**을 넘치지 않도록 조금씩 거른다. 위에 뜬 기름을 키친타월로 걷고, 얼음물에 넣어 한 김 식힌 후 차게 식힌다.

용도·보관 갑각류로 만든 전채요리나 랑구스틴 테린(terrine, 곱게 간 생선이나 닭고기 등을 단지나 틀에 채워서 찐 뒤 식혀서 먹는 요리)에 곁들인다. 냉장하면 2~3일 보관 가능.

줄레 드 피종

gelée de pigeon

비둘기 줄레

강렬한 비둘기의 맛을 뽑기 위해 단맛이 강한 파를 사용하지 않고, 아니스 향을 더하여 클라리피에한 줄레. 퐁 자체에 젤라틴이 들어 있기 때문에 판젤라틴은 조금만 사용한다.

재료_ 완성 후 약 1ℓ

퐁 드 피종(p.37) 1.2ℓ

당근 10g

셀러리 5g

양송이버섯 10g

파슬리 줄기 5g

스타아니스 1개

달걀흰자 1개

판젤라틴 7g

올리브오일 조금

만드는 방법

01 당근, 셀러리, 양송이버섯, 파슬리 줄기를 모두 브뤼누아즈한다.

02 냄비에 올리브오일을 조금 두르고 01의 채소를 넣어 쉬에한다. 퐁 드 피종을 조금 넣고 60% 정도 거품을 낸 달걀흰자를 넣어 잘 섞는다.

03 다른 냄비에 나머지 퐁 드 피종을 붓고 02를 넣어 센불로 끓인다. 끓으면 약한불로 줄이고, 달걀흰자가 거품을 흡착하여 위로 뜨면 레이들로 가운데에 구멍(지름 6~7㎝)을 내서 그대로 10분 정도 끓인다.

04 시누아에 면보자기를 깔고, 03을 넘치지 않도록 조금씩 거른다. 거른 국물에 스타아니스를 넣고 그대로 식혀 향을 우린다.

05 물에 불려서 부드럽게 만든 판젤라틴을 넣고 끓여서 면보자기를 깐 시누아에 조금씩 거른다. 위에 뜬 기름을 키친타월로 걷고, 얼음물에 넣어 한 김 식힌 후 차게 식힌다.

용도·보관 비둘기로 만든 전채요리나 테린(terrine, 곱게 간 생선이나 닭고기 등을 단지나 틀에 채워서 찐 뒤 식혀서 먹는 요리), 파테에 곁들인다. 냉장하면 2~3일 보관 가능.

줄레 드 카나르

gelée de canard

오리 줄레

퐁 드 카나르를 달걀흰자로 클라리피에한 줄레는 향이 매우 부드럽다. 입안에서 사르르 녹지만 오리의 감칠맛이 강하다. 오리 테린이나 파테를 비롯하여 여러 차가운 요리에 곁들인다.

재료_ 완성 후 약 1ℓ

퐁 드 카나르(p.34) 1.2ℓ

당근 10g

파 10g

셀러리 5g

양송이버섯 10g

파슬리 줄기 5g

달걀흰자 1개

판젤라틴 7g

올리브오일 조금

만드는 방법

01 당근, 파, 셀러리, 양송이버섯, 파슬리 줄기를 모두 브뤼누아즈한다.

02 냄비에 올리브오일을 조금 두르고 **01**의 채소를 넣어 쉬에한다. 퐁 드 카나르를 조금 넣고 60% 정도 거품을 낸 달걀흰자도 넣어 잘 섞는다.

03 다른 냄비에 나머지 퐁 드 카나르를 붓고 **02**를 넣어 센불로 끓인다. 끓으면 약한불로 줄이고, 달걀흰자가 거품을 흡착하여 위로 뜨면 레이들로 가운데에 구멍(지름 6~7㎝)을 낸다. 그대로 10분 정도 끓이고, 중간에 물에 적셔둔 판젤라틴을 넣어 가볍게 섞는다.

04 시누아에 면보자기를 깔고, **03**을 넘치지 않도록 조금씩 거른다. 위에 뜬 기름을 키친타월로 걷고, 얼음물에 넣어 한 김 식힌 후 차게 식힌다.

용도·보관 오리로 만든 전채요리나 오리 테린(terrine, 곱게 간 생선이나 닭고기 등을 단지나 틀에 채워서 찐 뒤 식혀서 먹는 요리), 파테에 곁들인다. 냉장하면 2~3일 보관 가능.

줄레 드 푸아그라

gelée de foie gras

푸아그라 줄레

푸아그라의 농축된 풍미와 쇠고기 힘줄의 고소함을 가진 줄레. 줄레는 입안에서 사르르 녹지만, 감칠맛이 입안에 남는다. 테린 등 푸아그라 에피타이저에 곁들인다.

재료_ 완성 후 약 1ℓ

쇠고기 힘줄(스지) 400g
푸아그라 80g
퐁 드 볼라유(p.32) 2ℓ
코냑 15cc
마데이라 15cc
그래뉴당 5g
카트르에피스 조금
굵은소금 적당량
블랙 미뇨네트 조금
달걀흰자 1개
판젤라틴 7g
땅콩기름 조금

만드는 방법

01 쇠고기 힘줄과 푸아그라를 3㎝ 크기로 토막 낸다.

02 프라이팬에 땅콩기름을 둘러서 쇠고기 힘줄을 겉면이 갈색이 되도록 굽고, 체에 밭쳐서 데그레세한다.

03 냄비에 푸아그라, 쇠고기 힘줄, 퐁 드 볼라유, 코냑, 마데이라, 그래뉴당, 카트르에피스, 굵은소금, 미뇨네트를 넣고 약한불로 1시간 30분 정도 끓여서 시누아로 거른다.

04 다른 냄비에 03의 국물과 60% 정도 거품을 낸 달걀흰자를 넣어 센불로 끓인다. 끓으면 약한불로 줄이고, 달걀흰자가 거품을 흡착하여 위로 뜨면 레이들로 가운데에 구멍(지름 6~7㎝)을 내서 그대로 10분 정도 끓인다.

05 물에 불려둔 판젤라틴을 넣어 가볍게 섞고, 면보자기를 깐 시누아에 조금씩 거른다. 위에 뜬 기름을 키친타월로 걷고, 얼음물에 넣어 한 김 식힌 후 차게 식힌다.

용도·보관 테린(terrine, 곱게 간 생선이나 닭고기 등을 단지나 틀에 채워서 찐 뒤 식혀서 먹는 요리)을 비롯하여 푸아그라를 이용한 에피타이저에 곁들인다. 또한 줄레를 베이스로 하는 쇼프루아(p.144)의 베이스로도 사용한다. 냉장하면 2~3일 보관 가능.

줄레 드 푸아그라 사용

줄레와 봄채소를 곁들인
마블모양의 푸아그라 테린

Terrine de foie gras marbrée et sa gelée,
légumes de printemps marinés

소금, 설탕, 카트르에피스, 셰리주, 코냑, 포트와인 등으로 하룻밤
마리네한 푸아그라에 잘게 다진 트러플을 묻혀, 자르면 단면이 마블
모양이 되는 테린(terrine, 곱게 간 생선이나 닭고기 등을 단지나 틀에
채워서 찐 뒤 식혀서 먹는 요리). 이것을 적당한 두께로 잘라 접시에
담는다. 테린만으로는 맛이 너무 진하므로 플뢰르 드 셀(fleur de sel,
프랑스 해안가에서 전통 수작업으로 만드는 소금), 블랙 미뇨네트, 줄
레 드 푸아그라를 곁들인다. 매끄러운 식감의 줄레는 입안에서 사르
르 녹고 다양한 맛을 느낄 수 있어 질리지 않는다. 곁들인 것은 가볍
게 마리네한 채소이다. 당근, 아스파라거스, 유채 등을 조금 블랑시
르하여 사과식초와 화이트와인 베이스의 국물에 담가 마리네한다.
그 밖에 처트니(chutney, 과일과 채소에 향신료 등을 넣어 잼이나 스프
레드처럼 만든 인도의 조미료), 토마토칩, 처빌을 곁들인다.

소스 쇼프루아 브륀

sauce chaud-froid brune

줄레 베이스의 쇼프루아

끓이고(chaud) 식혀서(froid) 만드는 클래식 소스. 여기서는 포트와인을 베이스로 하여 걸쭉한 농도로 줄레를 만든다. 닭고기나 푸아그라에 뿌려서 서빙한다.

재료_ 완성 후 약 300cc
루비 포트와인 800cc
줄레 드 푸아그라(p.142) 100cc
아카시아꿀 6g
판젤라틴 6g
소금 적당량
후추 적당량

만드는 방법

01 포트와인을 약한불로 끓여서 200cc가 될 때까지 졸인다. 센불로 끓이면 하얗고 탁해지므로 주의한다.

02 01에 줄레 드 푸아그라, 꿀, 물에 불린 판젤라틴을 같이 넣고 끓인다. 끓으면 불을 끄고 소금, 후추로 간을 맞춘다.

03 시누아로 거른 후 위에 뜬 기름을 키친타월 등으로 걷고, 사용하기 좋은 온도와 상태로 식힌다.

용도·보관 푸아그라, 닭고기, 오리, 비둘기 등으로 만드는 쇼프루아 요리에 소스로 사용한다. 기본적으로 만든 그날 모두 사용한다. 냉장하면 2일간 보관 가능.

소스 쇼프루아 블랑슈

sauce chaud-friod blanche

블루테 베이스의 쇼프루아

풍에 루를 넣어 농도를 낸 블루테 베이스의 쇼프루아. 토마토페이스트를 넣어 색감을 더하고, 요리에 따라 퐁의 종류를 달리하여 사용한다.

재료_ 완성 후 약 300cc

퐁 드 랑구스틴(p.53) 200cc

박력분 20g

생크림 140cc

토마토페이스트 3g

판젤라틴 3g

코냑 조금

소금 조금

후추 조금

버터 20g

만드는 방법

01 냄비에 버터를 녹이고 박력분을 넣는다. 약한불에서 색이 나지 않고 가루 느낌이 없게 볶는다.

02 퐁 드 랑구스틴을 조금씩 넣으면서 루와 잘 어우러지게 섞는다. 생크림, 토마토페이스트, 물에 불린 판젤라틴을 넣어 끓이고, 마지막에 코냑을 넣고 소금, 후추로 간을 맞춘다.

03 시누아로 거른 후 용도에 맞게 사용하기 좋은 온도와 상태로 식힌다.

용도·보관 흰살생선이나 갑각류의 차가운 요리에 사용한다. 기본적으로 만든 그날 모두 사용한다. 냉장하면 2일간 보관 가능.

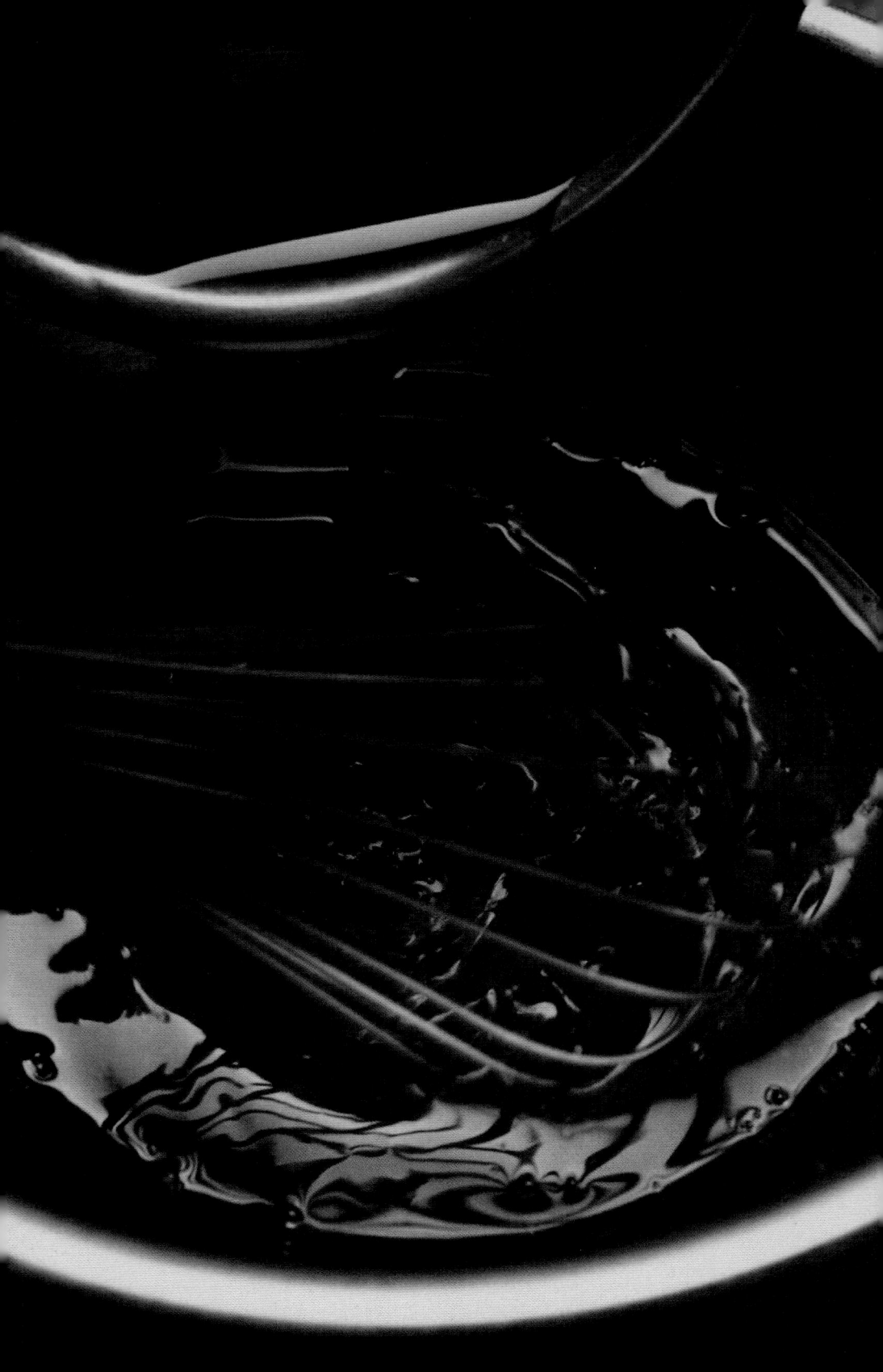

SAUCES AU BEURRE ET BEURRES COMPOSÉS

버터 소스와 뵈르 콩포제

소스 뵈르블랑

sauce beurre blanc

화이트와인 버터소스

흰살생선과 조개요리에 사용하는 따뜻한 소스. 듬뿍 넣은 버터의 풍미와 와인비네거로 조린 에샬로트의 신맛이 특징이다. 충분히 유화시켜 부드러운 식감으로 만든다.

재료_완성 후 약 300cc

에샬로트 80g
화이트와인비네거 50cc
화이트와인 80cc
화이트 미뇨네트 조금

버터 280g
소금 조금
물 적당량

01 아셰한 에샬로트, 화이트와인비네거, 화이트와인, 미뇨네트를 냄비에 넣고 약한불로 끓인다. 양이 1/5로 줄 때까지 뭉근하게 졸인다.

02 거품이 생기면 가볍게 걷어내고, 에샬로트가 냄비 벽에 붙으면 떼어낸다. 거품이 반드시 생기는 것은 아니다.

03 졸여진 상태. 알코올과 비네거의 신맛이 날아가고, 에샬로트의 향과 단맛이 난다.

04 냄비를 불에서 내리고, 버터를 조금씩 넣으면서 거품기로 섞는다. 버터는 냉장고에서 꺼내 상온에 조금 두었다가 사용하면 좋다.

05 소스에 버터향이 배고, 윤기도 난다. 너무 걸쭉하면 물을 넣어 농도를 조절한다.

06 버터를 모두 넣고 충분히 유화가 되면 소금으로 간을 맞춘다. 불에 올려 다시 한 번 끓인다.

07 끓어오르면 바로 시누아로 거른다.

08 시누아에 남은 에샬로트를 꾹꾹 눌러 으깨서 감칠맛을 빼낸다.

09 소스 뵈르블랑 완성. 버터가 분리되어 보관은 불가능하므로 필요할 때마다 만들어서 모두 사용하도록 한다.

소스 뵈르블랑 사용

소스 뵈르블랑과 함께
캐비어를 곁들인
자연산 도미 포셰

Filet de dorade poché,
sauce beurre blanc au caviar

자연산 도미를 담백하게 요리하여 도미 그대로의 맛을 살린 요리. 도미는 필레를 떠서 껍질을 벗기고 소금, 후추를 뿌려두었다가 쿠르부용(p.57)으로 포셰하여 살을 부드럽게 만든다. 여기에 어울리는 소스는 버터를 듬뿍 넣은 소스 뵈르블랑. 깊은 맛의 부드러운 버터를 넣어 담백한 생선살을 촉촉하게 먹을 수 있으며, 소스 뵈르블랑의 맛을 충분히 느낄 수 있다. 캐비어를 듬뿍 올리고 처빌을 곁들여서 고급스러운 요리에 색과 맛으로 포인트를 주었다.

소스 뵈르블랑 아 라 토마트

sauce beurre blanc à la tomate

토마토 버터소스

소스 뵈르블랑에 토마토 소스를 넣어 선명한 색과 신맛이 특징인 소스로 어패류요리에 폭넓게
사용된다. 마무리에 올리는 레몬이 입맛을 돋운다.

재료_ 완성 후 약 300cc
소스 뵈르블랑(p.148) 250cc
소스 토마트(p.258) 50cc
소금 적당량
후추 적당량
레몬즙 조금

만드는 방법

01 냄비에 소스 뵈르블랑, 소스 토마트를 넣고 섞으면
서 가열한다.

02 끓으면 소금, 후추로 간을 맞추고 시누아로 거른
다. 레몬즙을 조금 넣어 마무리한다.

용도·보관 도미, 농어, 벤자리 등의 푸알레나 그리예
를 비롯하여 모든 어패류요리에 사용한다. 버터가 분리
되어 보관은 불가능하므로 금방 만들어서 사용한다.

소스 뵈르블랑 오 바질리크

sauce beurre blanc au basilic

바질 버터소스

샴페인비네거와 샴페인으로 만드는 고급 뵈르블랑에 바질을 넣어 향이 풍부한 소스. 흰살생선
등에 듬뿍 올려 소스의 맛을 담백하게 맛본다.

재료_ 완성 후 약 300cc

에샬로트 60g

샴페인비네거 180cc

샴페인 240cc

생크림 60cc

버터 150g_ 몽테용

레몬즙 조금

소금 적당량

후추 적당량

카엔페퍼 조금

버터 적당량_ 쉬에용

바질 3g

만드는 방법

01 에샬로트와 바질을 아셰한다.

02 냄비에 버터를 두르고 에샬로트를 넣어 뭉근히 쉬
에한다. 샴페인비네거를 넣어 중불에서 양이 1/3로 줄
때까지 졸인다. 샴페인을 붓고 에샬로트가 표면에 살짝
보일 정도로 자박자박하게 졸인 후 생크림을 넣어 조금
끓인다.

03 버터를 조금씩 넣으면서 몽테하고 소금, 후추, 카
엔페퍼로 간을 맞춘다. 레몬즙을 넣고 에샬로트를 살짝
으깨면서 시누아로 거른다. 마지막에 아셰한 바질을 넣
는다.

용도·보관 흰살생선의 푸알레나 그리예에 사용한다.
버터가 분리될 수 있어 보관은 불가능하다. 만들어서
바로 사용한다.

소스 오 사프란

sauce au safran

사프란 소스

뵈르블랑을 베이스로 하고, 사프란으로 선명한 색과 향을 더한 소스. 화이트와인은 푸이 퓌세 (pouilly fuissé, 프랑스 부르고뉴지방의 고급 와인) 등의 강한 향을 이용해 화려한 맛의 소스를 만든다.

재료_ 완성 후 약 300cc

에샬로트 레뒥숑 60g

┌ 에샬로트 60g
│ 화이트와인* 80cc
│ 화이트와인비네거 50cc
│ 화이트 미뇨네트 조금
└ 버터 조금_ 쉬에용

생크림 50cc

사프란 적당량

버터 250g_ 몽테용

화이트와인* 40cc_ 마무리용

레몬즙 조금

소금 적당량

후추 적당량

* 화이트와인은 푸이 퓌세 등 향이 특히 강한 것을 사용한다.

만드는 방법

■ 에샬로트 레뒥숑을 만든다

01 냄비에 버터를 녹이고, 아셰한 에샬로트를 넣어 뭉근히 쉬에한다. 향이 나면 화이트와인, 화이트와인비네거, 미뇨네트를 넣어 약한불로 수분이 없어질 때까지 졸인다.

■ 소스 완성

01 냄비에 에샬로트 레뒥숑을 넣어 불에 올리고, 생크림과 사프란을 넣어 고루 섞은 후 버터를 넣어 몽테한다.

02 에샬로트를 가볍게 으깨면서 시누아로 거른다. 소금, 후추로 간을 맞추고 화이트와인과 레몬즙을 넣는다.

용도·보관 흰살생선의 포셰나 푸알레의 소스로 사용한다. 버터가 분리되어 보관은 불가능하다. 만들어서 바로 사용한다. 에샬로트 레뒥숑은 2~3일 보관 가능.

소스 오 클람 사프라네

sauce aux clams safranée

사프란 풍미의 대합 소스

대합 육수를 사용한 뵈르블랑 소스. 궁합이 잘 맞는 노일리를 넣고 에샬로트를 졸여 다양한 풍미를 더한다. 또한, 생크림을 넣어 농후한 감칠맛과 균형을 이룬다.

재료_ 완성 후 약 300cc
에샬로트 레뒥숑 50g

┌ 에샬로트 40g
│ 노일리* 80cc
│ 퓌메 드 클람(p.61) 70cc
│ 사프란 조금
└ 버터 조금_ 쉬에용
생크림 100cc
버터 200g_ 몽테용
레몬즙 조금
노일리* 20cc
소금 조금
후추 조금

* 노일리는 베르무트(약초나 허브로 풍미를 낸 와인)의 대표상표인 「노일리 프라트」를 사용한다.

만드는 방법

■ 에샬로트 레뒥숑을 만든다

01 냄비에 버터를 녹이고, 아셰한 에샬로트를 넣어 뭉근히 쉬에한다. 향이 충분히 나면 화이트와인, 화이트와인비네거, 노일리를 넣고 약한불로 수분이 없어질 때까지 졸인다. 퓌메 드 클람과 사프란을 넣어 수분이 없어질 때까지 더 졸인다.

■ 소스 완성

01 냄비에 에샬로트 레뒥숑과 생크림을 넣어 조금 졸이고, 버터로 몽테한다.

02 에샬로트를 가볍게 으깨면서 시누아로 거르고 소금, 후추로 간을 맞춘다. 다시 한 번 끓여서 레몬즙과 노일리를 넣고 시누아로 거른다.

용도·보관 담백한 흰살생선 푸알레의 소스로 사용한다. 버터가 분리되어 보관은 불가능하다. 만들어서 바로 사용한다. 에샬로트 레뒥숑은 2~3일 보관 가능.

소스 오 뵈르 당슈아

sauce au beurre d'anchois

앤초비 버터소스

앤초비를 섞은 버터(뵈르 당슈아)로 몽테한 버터소스. 풍부한 앤초비 향과 차이브의 상큼함이 특징이다. 생선 푸알레나 파이로 싸서 구운 요리의 소스로 사용한다.

재료 _ 완성 후 약 300cc

퓌메 드 푸아송(p.58) 200cc
생크림 10cc
뵈르 당슈아(p.160) 60g
버터 180g
소금 적당량
후추 적당량
레몬즙 적당량
차이브 8g

만드는 방법

01 냄비에 퓌메 드 푸아송을 넣고 양이 1/4로 줄 때까지 약한불로 졸인다. 생크림을 넣어 조금 끓인다.

02 불에서 내려 뵈르 당슈아와 버터를 조금씩 넣으면서 거품기로 섞고, 충분히 유화가 되면 불에 올려 살짝 끓인다.

03 소금, 후추로 간을 맞추고 시누아로 내린 후, 레몬즙과 시즐레한 차이브를 넣어 섞는다.

용도·보관 파이로 싸서 굽는 생선요리나 흰살생선 푸알레의 소스로 사용한다. 팰요할 때 만들어서 빨리 사용한다.

소스 오 뵈르 당슈아 사용

2종류의 소스를 뿌린
프로방스 스타일 고등어 타르트

Tarte de maquereau à la provençale,
aux deux sauces

등푸른생선인 고등어를 파이로 싸서, 앤초비 버터소스와 소스 베르
(p.193) 2종류의 소스로 맛을 낸 요리. 고등어 필레는 껍질을 벗기
고, 퓌메 드 푸아송과 화이트와인으로 포셰해둔다. 퓌이타주(파이
생지)를 틀에 깔고 색이 나지 않도록 살짝만 구워서 둥근 틀로 찍어
내고, 한 면에 생선 무스를 바른 후 포셰한 생선을 올린다. 그 위에
뵈르 프로방살(p.159)을 뿌리고 소스 토마트 아 라 프로방살(p.257)
을 발라 돔 형태로 만든 후, 이탈리안파슬리를 올리고 오븐에서 고
소하게 굽는다. 구운 파이를 칼로 자르면 프로방스 향이 확 퍼진다.
고등어 특유의 풍미가 소스 오 뵈르 당슈아의 향과 잘 어울린다.

뵈르 드 샹피뇽

beurre de champignons

샹피뇽 버터

3종류의 버섯을 곱게 아셰하여 버터를 듬뿍 넣어 섞고, 그리예한 고기에 곁들여서 소스 대신 사용한다. 기호에 따라 그물버섯, 꾀꼬리버섯 등을 사용하기도 한다.

재료_ 완성 후 약 300cc

에샬로트 80g
표고버섯 100g
양송이버섯 100g
곰보버섯* 80g
버터 160g
글라스 드 비앙드(p.33) 적당량
쥐 드 트뤼프 조금 _ 시판 제품
라임즙 조금
소금 적당량
후추 적당량
버터 20g _ 쉬에용
땅콩기름 20g _ 쉬에용

* 곰보버섯은 가능하면 신선한 것을 사용하고,
없으면 마른 것을 물에 불려서 물기를 짜고 사용한다.

만드는 방법

01 에샬로트, 표고버섯, 양송이버섯, 곰보버섯을 각각 아셰하고, 버터는 상온에 두어 포마드 상태로 부드럽게 만든다.

02 냄비에 쉬에용 버터와 땅콩기름을 두르고, 에샬로트를 넣어 뭉근히 쉬에한다.

03 향이 충분히 나면 표고버섯, 양송이버섯, 곰보버섯을 넣어 수분이 없어질 때까지 쉬에한다. 소금, 후추로 간을 맞추고 상온에서 식힌다.

04 볼에 포마드 상태의 버터와 **03**의 쉬에한 버섯들을 넣고, 데워서 다시 액체 상태가 된 글라스 드 비앙드, 쥐 드 트뤼프를 넣어 잘 섞는다. 소금, 후추, 라임즙으로 간을 맞춘다.

용도·보관 그리예한 쇠고기나 푸알레에 그대로 곁들인다. 완성된 버터는 트레이에 담아서 평평하게 만든 후 냉장고에 넣어 차게 굳힌다. 버섯향이 날아가기 때문에 만들어서 바로 사용하는 것이 기본이지만, 진공포장하여 냉장하면 3일간 보관 가능하다.

뵈르 마르샹 드 뱅

beurre marchand de vins

마르샹 드 뱅 버터

마르샹 드 뱅은 「선술집」이란 의미로, 에샬로트와 레드와인을 이용해 만든 소스를 말한다. 이 이름의 버터는 고운 보라색과 상큼한 신맛이 특징이다.

재료_ 완성 후 약 500g

에샬로트 15g

레드와인 900cc

글라스 드 비앙드(p.33) 70g

버터 450g

파슬리* 10g

레몬즙 30cc

소금 적당량

후추 적당량

* 취향에 따라 일반 파슬리나 이탈리안파슬리 중 어느 것을 사용해도 좋다.

만드는 방법

01 에샬로트, 파슬리를 각각 아셰하고, 버터는 상온에 두어 포마드 상태로 부드럽게 만든다.

02 냄비에 에샬로트, 레드와인, 글라스 드 비앙드를 넣고 수분이 없어질 때까지 뭉근히 졸여서 한 김 식힌다.

03 볼에 버터, **02**에서 뭉근히 졸여 식힌 것, 파슬리, 레몬즙을 넣어 섞고 소금, 후추로 간을 맞춘다. 트레이에 담아 표면을 평평하게 만든 후 냉장고에 넣어 차게 굳힌다.

용도·보관 쇠고기 안심이나 등심 푸알레 또는 그리예에 소스 대신 곁들인다. 기본적으로는 만들어서 바로 사용하지만, 진공포장하여 냉장하면 3일간 보관 가능하다.

뵈르 데스카르고

beurre d'escargots

에스카르고 버터

부르고뉴 스타일 에스카르고에 사용하는 혼합 버터. 마늘과 에샬로트 양은 취향에 따라 넣는다. 아몬드와 넛멕을 넣어도 맛이 좋고, 전복이나 소라와도 잘 어울린다.

재료_ 완성 후 약 530g

버터 1파운드(약 450g)	소금 적당량
마늘 20g	후추 적당량
에샬로트 16g	레몬즙 조금
파슬리 40g	

01 마늘, 에샬로트, 파슬리를 각각 2~3㎜ 크기로 아세하는데, 마늘은 반드시 심을 제거한다.

02 버터를 상온에 두어 포마드 상태로 만든 후 아세한 마늘, 에샬로트, 파슬리를 넣는다.

03 나무주걱으로 고루 섞는다.

04 수시로 나무주걱에 붙은 소스를 떼어, 소스가 전체적으로 고른 질감이 되게 섞는다.

05 소금, 후추, 레몬즙을 넣어 섞는데, 충분히 넣어 맛이 진해야 맛있다.

06 트레이에 유산지를 깔고 **05**의 버터를 넣어 평평하게 만든 후 꾹꾹 눌러서 공기를 뺀다. 유산지를 덮고 공기가 들어가지 않도록 랩을 씌워 냉장보관한다(1주일 보관 가능).

뵈르 프로방살

beurre provençal

프로방살 버터

뵈르 데스카르고보다 더 여러 종류의 허브를 넣어 만드는 남프랑스 스타일 버터. 조개, 버섯, 개구리 요리 등에 사용하며, 마지막에 넣어 풍미를 더한다.

재료_완성 후 약 500g
버터 1파운드(약 450g)
에샬로트 15g
마늘 1쪽
파슬리 13g
차이브 3g
처빌 2g
타임 2g
레몬즙 15cc
소금, 후추 적당량

만드는 방법

01 버터를 포마드 상태로 만든 후 에샬로트, 마늘, 파슬리, 차이브, 처빌, 타임을 아셰하여 넣고 섞는다. 소금, 후추, 레몬즙으로 간을 한다.

02 유산지를 깐 트레이에 넣고 꾹꾹 눌러서 공기를 빼고, 표면을 평평하게 만든 후 유산지를 덮는다.

용도·보관 조개나 오징어 등을 볶거나, 요리 마무리에 넣어 향을 더한다. 냉장 1주일, 냉동 2주일 보관 가능.

뵈르 드 피스투

beurre de pistou

피스투 버터

잣과 바질, 올리브오일을 사용한 피스투(마늘과 바질을 넣은 채소 수프) 스타일 버터. 잣은 고소하게 구워서 사용하며, 견과류를 한 가지 더 넣으면 맛이 더 좋다. 파스타와도 잘 어울린다.

재료_ 완성 후 약 500g
버터 1파운드(약 450g)
잣 35g
마늘 10g
바질 25g
파슬리 10g
머스터드 5g
E.V.올리브오일 15cc
소금 적당량
후추 적당량

만드는 방법

01 잣은 구워서 부순다. 마늘, 바질, 파슬리는 2mm 크기로 아셰한다.

02 버터를 포마드 상태로 만든 후 머스터드를 넣어 잘 섞는다. **01**과 나머지 재료를 넣고 간을 맞춘다.

03 유산지를 깐 트레이에 넣고 위도 유산지로 덮는다.

용도·보관 생선 푸알레나 포셰, 그리예에 곁들여 풍미를 더한다. 냉장 3일, 냉동 2주일 보관 가능.

뵈르 당슈아

beurre d'anchois

앤초비 버터

앤초비를 넣어 만든 혼합 버터. 생선 그리예나 어패류 파스타에 풍미를 주기 위해 넣는다. 활용도를 고려하여 앤초비는 은은할 정도로 넣고, 레몬을 짜 넣어 상큼함을 더한다.

재료_ 완성 후 약 570g

버터 1파운드(약 450g)

앤초비 필레 110g

레몬즙 15cc

후추 적당량

용도·보관 생선 그리예나 푸알레에 곁들인다. 소스 오 뵈르 당슈아(p.154)처럼 소스를 몽테할 때도 사용한다. 냉장 1주일, 냉동 2주일 보관 가능.

만드는 방법

01 버터를 상온에 두어 포마드 상태로 만든다.

02 앤초비는 기름을 제거하고, 준비한 버터를 1/6 정도만 넣어 함께 푸드프로세서로 간다.

03 02를 볼에 담고 나머지 버터를 넣어 거품기로 잘 섞은 후 고운체에 내린다.

04 레몬즙과 후추를 넣어 간을 한다.

05 유산지를 깐 트레이에 넣고 꾹꾹 눌러서 공기를 빼고, 표면을 평평하게 만든 후 유산지로 덮는다.

뵈르 데크르비스

beurre d'écrevisse

가재 버터

색이 선명한 가재 머리로 만드는 혼합 버터. 풍미를 더하거나, 소스를 몽테할 때 사용한다. 불순물이 들어 있지 않은 뵈르 클라리피에로 만들기 때문에 재료를 익힐 때 사용할 수도 있다.

재료_ 완성 후 약 500g

가재 머리 2.2kg

쿠르부용(p.57) 적당량

뵈르 클라리피에 650g_ 정제 버터

물 적당량

용도·보관 그라탱에 풍미를 더하거나, 소스의 버터 몽테, 새우류를 볶을 때 사용한다. 냉장하면 3주일 보관 가능.

만드는 방법

01 가재 머리를 쿠르부용에 포셰하고 물기를 뺀다.

02 냄비에 01을 넣고 뵈르 클라리피에를 붓는다. 저온의 오븐에 넣어 버터가 걸쭉해질 때까지 2시간~2시간 30분 수시로 섞으면서 가열한다.

03 시누아로 거른 후 물을 붓고 냉장고에서 식혀 굳힌다(버터가 단단해지고 물과 분리된다).

04 분리된 버터를 냄비에 다시 넣어 가열하고, 거품을 걷은 후 면보자기에 거른다.

뵈르 드 트뤼프

beurre de truffe

트러플 버터

트러플과 쥐 드 트뤼프를 넣은 고급 혼합 버터. 스테이크에 곁들이거나, 소스에 풍미를 더하거나, 몽테에 사용한다. 버터의 부드러움 뒤에 트러플 향이 느껴진다.

재료_ 완성 후 약 520g
버터 1파운드(약 450g)
트러플 50g
쥐 드 트뤼프 50cc_ 시판 제품
에샬로트 30g

용도·보관 고기류의 그리예나 푸알레에 사용한다. 소스에 풍미를 더하거나, 몽테에도 사용한다. 냉장하면 1주일, 냉동하면 2주일 보관 가능.

만드는 방법

01 트러플과 에샬로트를 1cm 두께로 에맹세하고, 버터는 상온에 두어 포마드 상태로 만든다.
02 냄비에 버터를 일부만 녹여서 에샬로트를 쉬에하고, 트러플과 쥐 드 트뤼프를 넣어 수분이 없어질 때까지 약한불로 졸여서 식힌다.
03 02와 버터를 푸드프로세서로 갈고 고운체로 내린다.
04 유산지를 깐 트레이에 펴 담고 꾹꾹 눌러서 공기를 빼고, 표면을 평평하게 만들어 유산지로 덮는다.

뵈르 드 푸아 드 지비에

beurre de foie de gibier

지비에 간을 넣은 버터

지비에 간과 푸아그라로 만든 농후한 혼합 버터. 소스에 풍미를 더하거나 몽테에 사용하고, 지비에 요리에 깊은 맛을 준다. 간이 상하기 쉬우므로, 사용할 양만큼씩 소분하여 냉동보관한다.

재료_ 완성 후 약 1.3kg
버터 450g
지비에 간* 450g_ 신선한 것
푸아그라 450g

* 지비에 간은 자고새 새끼(perdreau) 등
야생 조류의 간을 사용한다.

만드는 방법

01 지비에 간과 푸아그라를 고운체에 내리고, 버터는 상온에 두어 포마드 상태를 만든다.
02 볼에 체에 내린 간과 푸아그라, 버터를 넣어 고루 잘 섞는다. 원형틀에 넣어 모양을 만든 후 랩으로 싸고, 다시 알루미늄 포일로 싸서 냉동하여 굳힌다.
용도·보관 야생 조류로 만드는 살미 소스(p.213)에 사용한다. 간은 상하기 쉬우므로 반드시 냉동보관하며, 약 1주일 안에 모두 사용한다.

뵈르 르 뒤크

beurre 「Le Duc」

「르 뒤크」 스타일 버터

레스토랑 「르 뒤크」에서 만든 혼합 버터. 버터와 E.V.올리브오일을 같은 양으로 섞어 가벼운 식감과 올리브오일의 진한 맛이 특징이다. 말린 허브를 사용하여 향을 강조한다.

재료_ 완성 후 약 1.35kg
버터 1파운드(약 450g)
E.V.올리브오일 450cc
앤초비 필레 220g
마늘 160g
코냑 30cc
파슬리 8g
타임 8g_ 신선한 것
타임 5g_ 말린 것
오레가노 5g_ 말린 것
마조람 5g_ 말린 것
소금 적당량
후추 적당량

만드는 방법

01 앤초비, 마늘, 파슬리, 신선한 타임을 2mm 크기로 아셰한다.

02 버터를 상온에 두어 포마드 상태로 만들고, E.V.올리브오일을 조금씩 넣으면서 거품기로 휘저어 섞는다. 이 작업은 믹서로 해도 된다.

03 **02**에 **01**과 코냑, 말린 타임, 오레가노, 마조람을 넣어 잘 섞고, 소금과 후추로 간을 맞춘다.

04 유산지를 깐 트레이에 넣고 꾹꾹 눌러서 공기를 빼고, 표면을 평평하게 만들어 유산지로 덮는다.

용도·보관 어패류 그라탱에 넣거나, 빵에 발라 토스트한다. 파리의 레스토랑 「르 뒤크」에서는 이 토스트에 생선 타르타르를 올려 서빙한다. 냉장하면 3일, 냉동하면 1주일 보관 가능.

SAUCES À BASE D'ALCOOL

알코올 베이스의 소스

소스 뱅 블랑

sauce vin blanc

화이트와인 소스

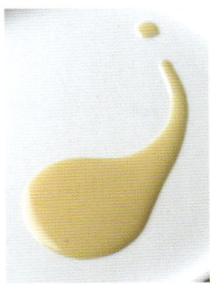

포셰나 바푀르 어패류요리에 빠지지 않는 정통 소스. 전체에 고루 와인 풍미를 주기 위해 걸쭉해질 때까지 퓌메나 크림과 함께 졸인다. 버터 양은 줄인다.

재료_ 완성 후 약 300cc

화이트와인 300cc

에샬로트 200g

양송이버섯 200g

퓌메 드 푸아송(p.58) 200cc

생크림 500cc

버터 40g _ 몽테용

레몬즙 조금

소금 적당량

후추 적당량

버터 적당량 _ 쉬에용

만드는 방법

01 에샬로트는 아셰하고, 양송이버섯은 2㎜ 두께로 에맹세한다.

02 냄비에 버터를 둘러 에샬로트를 쉬에하고, 양송이버섯을 넣어 살짝 볶다가 화이트와인을 붓고 알코올을 날린다.

03 퓌메 드 푸아송을 넣고 약한불에서 양이 1/3이 되도록 졸인다. 생크림을 넣고, 양이 반으로 줄고 걸쭉해질 때까지 졸인다.

04 에샬로트를 가볍게 으깨면서 시누아로 걸러 다시 불에 올리고 소금, 후추로 간을 맞춘다. 버터로 몽테하고, 레몬즙을 넣어 마무리한다.

용도·보관 포셰나 바푀르 어패류요리의 소스로 사용한다. 풍미가 날아가기 쉬우므로 보관하지 않고 되도록 빨리 모두 사용한다.

소스 오 푸이퓌메

sauce au Pouilly-Fumé

푸이퓌메 소스

푸이퓌메는 프랑스 루아르 계곡에서 생산되는 쌉쌀한 맛의 화이트와인. 특유의 기품 있는 과일
향이 특징이다. 담백한 요리에 곁들여 그 향을 있는 그대로 느껴본다.

재료_ 완성 후 약 300cc
푸이퓌메   500cc
에샬로트   150g
화이트 미뇨네트   적당량
퓌메 드 푸아송 오르디네르(p.60)   250cc
버터   180g_ 몽테용
레몬즙   조금
소금   적당량
후추   적당량
버터   적당량_ 쉬에용

만드는 방법

01 에샬로트를 2㎜ 두께로 에맹세한다.

02 냄비에 버터를 둘러 에샬로트를 쉬에하고, 푸이퓌
메와 미뇨네트를 넣고 약한불에서 양을 1/5로 졸인다.
퓌메 드 푸아송을 넣고 반으로 줄 때까지 더 졸인다.

03 버터로 몽테하고, 에샬로트를 가볍게 으깨면서 시
누아로 거른다. 다시 불에 올려 소금, 후추로 간을 맞추
고, 레몬즙을 넣어 마무리한다.

용도·보관 파이로 싸서 굽는 어패류, 흰살생선 푸알
레의 소스로 사용한다. 풍미가 날아가기 쉬우므로 보관
하지 않고 되도록 빨리 모두 사용한다.

소스 오 샹파뉴

sauce au Champagne

샴페인 소스

연어나 송어의 풍미는 샴페인과 궁합이 잘 맞는다. 연어뼈를 샴페인으로 조려서 고급스러운 맛으로 만든 소스이다. 바짝 졸여서 맛을 농축시킨다.

재료_ 완성 후 약 300cc

연어뼈[*] 1kg

미르푸아

┌ 양파 100g

│ 당근 100g

│ 파 50g

└ 마늘 2쪽_ 껍질째

샴페인 1.8ℓ_ 떫은맛

토마토 2개

파슬리 줄기 2개

화이트 미뇨네트 조금

버터 60g_ 몽테용

굵은소금 조금

소금 적당량

후추 적당량

올리브오일 적당량

＊연어 대신 송어를 사용해도 좋다.

만드는 방법

01 연어뼈를 물에 씻어서 핏물과 불순물을 제거한 후 사방 10㎝ 크기로 자른다. 양파, 당근, 파는 5㎜ 두께로 에맹세하고, 토마토는 끓는 물에 넣었다 빼서 껍질을 벗기고 반으로 잘라 씨를 제거한다. 마늘은 살짝 으깬다.

02 냄비에 올리브오일을 두르고 물기를 제거한 연어뼈를 넣어 노릇하게 굽는다.

03 다른 냄비에 올리브오일과 마늘을 넣어 향이 나게 볶고, 나머지 미르푸아를 넣어 쉬에한다. **02**의 구운 연어뼈를 넣고 고루 섞는다.

04 샴페인을 붓고 토마토, 파슬리 줄기, 미뇨네트, 굵은소금을 넣는다. 거품을 걷으면서 약한불로 20분 정도 끓인다.

05 시누아로 걸러서 국물을 냄비에 담고 250cc가 될 때까지 졸인다. 버터로 몽테하고 소금, 후추로 간을 맞춘다.

용도·보관 연어나 송어 푸알레의 소스로 사용한다. 풍미가 날아가기 쉬워 보관은 불가능하다. 필요할 때 만들어서 빨리 모두 사용한다.

소스 오 소테른

sauce au Sauternes

소테른 소스

소테른은 프랑스 보르도지방의 달콤한 화이트와인. 화려한 과일향을 살리기 위해 미르푸아를 넣지 않고 퓌메로 졸여 심플한 소스로 완성하였다.

재료_ 완성 후 약 300cc

소테른 170cc

화이트와인 100cc

퓌메 드 클람(p.61) 100cc

사프란 조금

버터 130g _ 몽테용

레몬즙 1/3개 분량

소금 조금

후추 조금

만드는 방법

01 냄비에 소테른과 화이트와인을 넣고 약한불로 끓여서 알코올을 날린다. 그대로 졸여서 반 정도가 되면, 퓌메 드 클람을 넣어 가볍게 졸인다.

02 사프란을 넣고 버터로 몽테한다. 소금, 후추로 간을 맞추고, 레몬즙을 넣은 후 시누아로 거른다.

용도·보관 가리비, 전복, 새우류의 소테나 그리예에 소스로 사용한다. 풍미가 사라지기 쉬우므로 보관하지 않고, 가능하면 빨리 모두 사용한다.

소스 오 누아이

sauce au Noilly

노일리 소스

식전주나 칵테일로 익숙한 노일리(베르무트)를 이용해 만든 소스. 특유의 약초향은 졸이면 단맛이 살고, 소스에 은은하게 다양한 맛을 준다.

재료_ 완성 후 약 300cc

노일리* 140cc

에샬로트 60g

퓌메 드 푸아송(p.58) 100cc

생크림 300cc

버터 15g_ 몽테용

레몬즙 조금

소금 적당량

후추 적당량

버터 적당량_ 쉬에용

* 노일리는 베르무트(약초와 허브로 풍미를 더한 와인)의
대표상표「노일리 프라트(noilly prat)」를 사용한다.

만드는 방법

01 에샬로트를 시즐레한다.

02 냄비에 버터를 두르고 에샬로트를 쉬에한다. 노일리를 붓고 약한불~중불에서 수분이 없어질 때까지 졸인다.

03 퓌메 드 푸아송을 붓고 반 정도가 되도록 더 졸인다. 생크림을 넣고 가볍게 졸인다.

04 시누아로 거르면서 에샬로트를 살짝 으깬다. 버터를 넣어 몽테하고, 다시 불에 올려 소금, 후추로 간을 맞춘 후 레몬즙을 넣고 마무리한다.

용도·보관 생선 크넬, 흰살생선의 포셰나 수플레 등에 소스로 사용한다. 풍미가 사라지기 쉬워 보관은 하지 않으며, 가능하면 빨리 모두 사용한다.

소스 아 랑티부아즈

sauce à l'antiboise

앙티부아즈 소스

앙티부아즈는 남프랑스 프로방스의 항구도시이다. 이 이름의 소스는, 토마토와 바질을 넣은 상 큼한 신맛이 특징이다. 버터와 올리브오일로 몽테하여 식감이 부드럽다.

재료_ 완성 후 약 300cc

노일리 500cc

화이트 미뇨네트 조금

토마토 60g

E.V.올리브오일 25cc

발사믹비네거 25cc

버터 30g

소금 적당량

트러플 5g

바질 1g

차이브 1g

만드는 방법

01 토마토는 끓는 물에 넣었다 빼서 껍질을 벗기고, 씨를 제거하여 콩카세한다. 트러플, 바질, 차이브 잎은 각각 아셰한다.

02 냄비에 노일리를 넣고 조금 강한불로 끓여 알코올 을 날린다. 미뇨네트를 넣고 중불로 양이 1/3이 될 때 까지 졸인다.

03 **02**의 냄비에 토마토, E.V.올리브오일, 발사믹비네 거를 넣고, 끓으면 버터를 넣어 몽테한 후 소금으로 간 을 맞춘다.

04 불을 끄고 트러플, 바질, 차이브를 넣는다.

용도 · 보관 흰살생선 그리예를 비롯하여 어패류요리 의 소스 등으로 폭넓게 사용한다. 풍미가 사라지기 쉬 워 보관은 하지 않으며, 가능하면 빨리 모두 사용한다.

소스 아그륌

sauce agrumes

감귤 소스

노일리와 퓌메 베이스에 감귤류 과즙을 넣은 소스. 상큼한 신맛이 단맛이 있는 갑각류요리와 잘 어울린다. 버터를 듬뿍 넣어 부드럽게 만든다.

재료_ 완성 후 약 300cc

노일리* 300cc

에샬로트 50g

코리앤더 시드* 조금

오렌지즙 180cc

자몽즙 50cc

퓌메 드 푸아송 오르디네르(p.60) 80cc

퓌메 드 클람(p.61) 40cc

버터 150g

소금 적당량

후추 적당량

코리앤더 1g_ 신선한 것

민트 1g

처빌 1g

＊노일리는 베르무트(약초와 허브로 풍미를 더한 와인)의
대표상표「노일리 프라트(noilly prat)」를 사용한다.
＊코리앤더(고수)의 씨를 말린 향신료로 달고 상쾌한 향이 있다.

만드는 방법

01 에샬로트는 아셰하고, 코리앤더 시드는 살짝 으깬다. 코리앤더, 민트, 처빌 잎도 각각 아셰한다.

02 냄비에 에샬로트, 코리앤더 시드, 노일리를 넣고 약한불로 끓여 졸인다. 반으로 줄면 오렌지즙과 자몽즙을 넣어 반 정도로 졸인다. 퓌메 드 푸아송, 퓌메 드 클람을 넣어 반이 되게 더 졸인다.

03 시누아로 거르면서 에샬로트를 살짝 으깬다. 다시 불에 올려서 소금, 후추로 간을 맞추고, 버터를 넣어 몽테한다.

04 불을 끄고 코리앤더, 민트, 처빌 잎을 넣는다.

용도·보관 바닷가재, 닭새우, 보리새우 등의 푸알레를 비롯하여 갑각류요리에 사용한다. 풍미가 사라지기 쉬워서 보관은 하지 않으며, 가능하면 빨리 모두 사용한다.

소스 크렘 오 시드르

sauce crème au cidre

시드르 크림소스

노르망디 특산물 시드르를 이용한 생선용 소스. 중간에 사과도 갈아 넣어 과일의 새콤달콤함을 더한다. 아귀 같은 감칠맛 있는 생선과 잘 어울린다.

재료_ 완성 후 약 300cc
양송이버섯 120g
에샬로트 120g
시드르* 400cc_ 떫은맛
노일리 200cc
시드르비네거* 50cc
퓌메 드 푸아송(p.58)* 800cc
사과 1개
생크림 80cc
버터 적당량_ 몽테용
레몬즙 조금
소금 적당량
후추 적당량
올리브오일 적당량

＊시드르(cidre)는 사과즙을 발효시켜 만든 발포성 술.
프랑스 노르망디 특산물로 떫으면서 단맛이 있다.
＊시드르 풍미의 비네거.
＊퓌메 드 푸아송 대신 퓌메 드 클람을 사용해도 좋다.

만드는 방법

01 양송이버섯과 에샬로트는 2㎜ 두께로 에맹세하고, 사과는 강판에 간다.

02 냄비에 올리브오일을 두르고 양송이버섯, 에샬로트를 넣어 쉬에한다. 시드르, 노일리, 시드르비네거를 붓고 약한불로 양이 1/3이 되도록 졸인다.

03 퓌메 드 푸아송을 붓고 한소끔 끓이면서 거품을 걷는다. 약한불로 줄이고 갈아둔 사과를 넣어 반으로 졸인다.

04 시누아로 거르고, 거른 국물은 거품을 걷으면서 다시 끓여 가볍게 졸인다. 생크림을 넣고 반으로 더 졸여서 시누아로 거른다.

05 버터로 몽테하고 소금, 후추로 간을 맞춘 후 레몬즙을 넣는다.

용도·보관 아귀, 광어, 달고기, 가리비 등의 소테나 푸알레에 사용한다. 풍미가 사라지기 쉬워서 보관은 하지 않으며, 가능하면 빨리 모두 사용한다.

소스 보르드레즈

sauce Bordelaise

보르드레즈 소스

프렌치요리의 대표적 소스. 에샬로트를 쉬에하여 풍미를 충분히 내고, 레드와인을 바짝 졸여서
감칠맛을 농축시키는 등 레시피대로 정확하게 만드는 것이 중요하다.

재료_ 완성 후 약 300cc

에샬로트 200g	버터 30g_ 쉬에용
레드와인 1.5ℓ	버터 30g_ 몽테용
퐁 드 보(p.28) 360cc	소금 적당량
부케가르니 1다발	후추 적당량

01 레드와인은 보르도 와인을 사용한
다. 조금이라도 상태가 안 좋은 와인을
넣으면 소스를 버리게 되므로 반드시 한
병씩 맛을 확인하고 넣는다.

02 레드와인을 구리냄비에 넣고 중
불~센불로 끓여 알코올을 날린다. 이
작업은 미리 해서 식혀두어도 좋다.

03 에샬로트를 시즐레한다. 냄비에 버
터를 녹이고 에샬로트를 넣어 약한불로
뭉근하게 쉬에한다.

04 에샬로트가 투명해지고 달콤한 향
이 나면 레드와인을 붓는다.

05 약한불로 끓이고, 거품이 생기면
걷는다.

06 부케가르니를 넣고 미조테(표면이
조금 보글거리며 끓는 정도) 상태로 뭉근
히 졸인다. 중간에 냄비 벽에 붙은 에샬
로트를 수시로 떼어내고, 와인도 눌어붙
으므로 닦아낸다.

07 1시간 20분 후의 상태. 수분이 거의 없어질 때까지 졸인다.

08 퐁 드 보를 조금 데워 넣고 한소끔 끓이며, 거품이 생기면 걷는다.

09 끓으면 약한불로 줄이고, 양이 반 정도가 되도록 30분 졸인다.

10 감칠맛과 풍미가 나오게 에샬로트를 으깨면서 시누아로 거른다. 시누아 바깥쪽에 있는 국물도 모두 깨끗하게 긁어모은다.

11 소스 보르드레즈의 베이스 완성. 바로 사용하지 않을 경우에는 그대로 냉장하고, 주문이 있을 때마다 소스 무알(sauce moelle, 골수를 넣은 소스) 등 여러 가지 소스로 응용한다(베이스는 3일간 냉장보관 가능).

12 소스 마무리(간단하게 완성하는 경우). 소스 보르드레즈를 냄비에 담아 불에 올리고, 끓으면 버터를 넣고 거품기로 고루 저어서 몽테한다.

13 소금, 후추로 간을 맞추고 시누아로 거른다. 이 소스는 쇠고기 안심이나 등심 푸알레, 그리예에 곁들인다. 버터로 몽테한 소스는 보관할 수 없으므로 만들어서 바로 사용한다.

소스 보르드레즈 사용

브로콜리를 넣은 감자 퓌레와 쿠민향 당근을 곁들인 보르드레즈 소스의 쇠고기안심 그리예

Filet de bœuf grillé à la sauce Bordelaise,
purée de pommes de terre et de brocoli au fenouil, carotte au cumin

감칠맛 풍부한 고급스러운 소스 보르드레즈는 심플한 요리에 곁들여 그 맛을 충분히 살리는 것이 좋다. 그래서 버터로 가볍게 몽테한 후 쇠고기 안심 그리예에 듬뿍 얹어서 일반적인 조합으로 요리한다. 곁들인 것들도 모두 일반적인 것들이다. 당근은 꿀과 설탕으로 글라세(glacé, 설탕이나 버터를 입혀 윤기를 내는 것)하여 쿠민향을 더하고, 감자 퓌레는 브로콜리를 섞어 넣고 고추냉이와 펜넬 씨를 넣어 산뜻하게 완성한다. 그린 아스파라거스는 베이컨으로 말고 파르메산치즈를 넣은 베녜(beignet, 밀가루에 우유, 달걀노른자, 거품 낸 흰자를 섞은 반죽을 이용해 튀긴 것) 생지로 싸서 바삭하게 튀긴다. 이것들을 모아 담고, 구운 안심에 플뢰르 드 셀(fleur de sel, 프랑스 해안가에서 전통 수작업으로 만드는 소금), 미뇨네트, 크레송을 곁들여 서빙한다.

소스 마데르

sauce madère

마데이라 소스

전통적 레시피에서는 데미글라스 소스를 사용하지만, 여기서는 퐁 드 보로 묵직함을 줄였다. 양파와 당근으로 단맛을 보충하고, 바짝 졸여서 윤기 있게 만든다.

재료_ 완성 후 약 300cc

마데이라   200cc

양파   80g

당근   50g

퐁 드 보(p.28)   1ℓ

부케가르니   1다발

버터   10g _ 몽테용

소금   적당량

후추   적당량

버터   조금_ 쉬에용

만드는 방법

01 양파와 당근을 각각 아셰한다.

02 냄비에 버터를 녹여 양파와 당근을 쉬에하고, 마데이라를 넣어 약한불로 수분이 없어질 때까지 졸인다.

03 퐁 드 보를 붓고 한소끔 끓여서 거품을 걷고, 부케가르니를 넣어 약한불에서 양이 1/3이 될 때까지 졸이면서 수시로 거품을 걷는다.

04 시누아로 거른 후 버터를 넣어 몽테하고, 다시 끓여서 소금, 후추로 간을 맞춘다.

용도 · 보관   쇠고기나 송아지 안심 그리예나 푸알레에 소스로 사용한다. 풍미가 날아가기 쉬워 가능하면 만들어서 빨리 모두 사용하는 것이 기본이다. 단, 버터로 몽테하기 전이라면 진공포장하여 2~3일 냉장보관이 가능하다.

소스 오 트뤼프

sauce aux truffes

트러플 소스

트러플 풍미를 더한 마데이라 소스. 트러플은 버터로 쉬에하여 향을 충분히 내고 소스에 섞어 넣는다. 마지막에 쥐 드 트뤼프도 넣어 향을 더한다.

재료_ 완성 후 약 300cc

트러플 50g

코냑 10cc

마데이라 10cc

소스 마데르(p.175) 250cc

쥐 드 트뤼프 15cc_ 시판 제품

버터 15g_ 몽테용

소금 조금

후추 조금

버터 조금_ 쉬에용

만드는 방법

01 냄비에 버터를 두르고 2㎜ 크기로 브뤼누아즈한 트러플을 넣어 쉬에한다. 향이 나면 코냑으로 플랑베하고, 마데이라를 넣어 알코올을 날린다.

02 소스 마데이라와 쥐 드 트뤼프를 넣어서 살짝 끓인다.

03 버터를 넣어 몽테한 후 소금, 후추로 간을 맞춘다.

용도·보관 주로 쇠고기 푸알레의 소스로 사용한다. 트러플 향이 금방 사라지므로 보관하지 말고 빨리 모두 사용한다.

소스 아 라 무타르드

sauce à la moutarde

머스터드맛 소스

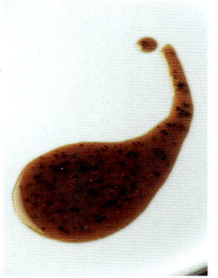

머스터드의 톡 쏘는 알싸함과 풍미를 더한 소스 마데이라. 머스터드는 페이스트와 씨겨자 2종류를 사용한다. 씨겨자의 톡톡 터지는 식감과 새콤한 맛이 소스에 악센트를 준다.

재료_ 완성 후 약 300cc

소스 마데르(p.175) 250cc

디종 머스터드* 15g _ 페이스트

디종 머스터드 30g _ 씨겨자

버터 15g

소금 적당량

후추 적당량

＊프랑스 디종지방의 특산물인 머스터드.
부드러운 매운맛과 고급스러운 향으로 인기가 높다.
씨겨자는 씨를 으깨지 않고 모양을 그대로 살려서 사용한다.

만드는 방법

01 냄비에 소스 마데이라를 넣어 조금 졸이고, 2종류의 머스터드를 넣어 잘 섞는다.

02 버터를 넣어서 몽테한 후 소금, 후추로 간을 맞춘다.

용도·보관 돼지고기나 송아지고기로 만드는 모든 요리에 사용한다. 풍미가 금방 사라지므로 보관이 불가능하다. 필요할 때 만들어서 가능하면 빨리 모두 사용한다.

소스 아 라 무타르드 사용

감자 그라탱을 곁들이고
머스터드 소스를 얹은 허브 풍미의 쇠고기등심 푸알레

Entrecôte de bœuf poêlée aux fines berbes,
sauce à la moutarde et gratin de pomme de terre

알갱이 소금과 후추를 뿌려 밑간한 쇠고기등심을 중간중간 휴지시키
면서 오븐에 뭉근하게 익힌다. 굽는다기보다는 고기를 따뜻하게 데
우는 느낌으로 익혀서 육즙이 안에 그대로 머물게 한다. 2종류의 디
종 머스터드(페이스트, 씨겨자)와 꿀을 섞어 바르고, 시즐레한 차이
브를 묻힌다. 이것을 오븐에서 따뜻하게 향이 나게 데우고 적당한
두께로 자른다. 접시에 소스 아 라 무타르드를 담고, 쇠고기등심을
가지런히 올린다. 곁들인 것은 그라탱 도피누아. 감자에 우유, 생크
림, 달걀, 그뤼에르치즈 소스를 뿌려 그라탱을 만든 것으로, 매우
일반적인 곁들임이다. 조금 쌉쌀한 맛의 크레송도 곁들인다.

소스 오 포르토

sauce au Porto

포트와인 소스

포트와인의 단맛과 농축된 깊은 맛이 특징인 소스. 입에 넣는 순간 포트와인의 향이 가득 퍼진다. 농축된 단맛과 잘 어울리는 푸아그라요리에 곁들인다.

재료_ 완성 후 약 300cc
루비 포트와인 2ℓ
퐁 드 볼라유(p.32) 750cc
글라스 드 비앙드(p.33) 적당량
소금 적당량
후추 적당량

만드는 방법

01 냄비에 포트와인과 퐁 드 볼라유를 넣고 약한불로 양이 1/10이 되도록 뭉근하게 졸이는데, 절대 끓지 않게 한다.

02 글라스 드 비앙드를 넣어 조금 끓인다.

03 소금, 후추로 간을 맞추고 시누아로 거른다.

용도·보관 푸아그라요리에 곁들이는 대표적 소스. 풍미가 금방 사라지기 때문에 보관은 불가능하다. 필요할 때 만들어서 가능하면 빨리 모두 사용한다.

소스 오 뱅 루주

sauce au vin rouge

레드와인 소스

퐁을 넣어 만든 고기요리용 레드와인 소스. 마지막에 넣는 글라스 드 비앙드 대신 새끼양고기요리라면 쥐 다뇨, 오리요리라면 쥐 드 카나르 등으로 요리에 따라 바꿔서 사용한다.

재료_ 완성 후 약 300cc

레드와인* 1.5ℓ

에샬로트 100g_ 쉬에용

에샬로트 200g_ 콩피용

그래뉴당 적당량

부케가르니 1다발

퐁 드 보(p.28) 350cc

글라스 드 비앙드(p.33) 조금

버터 15g_ 몽테용

소금 적당량

후추 적당량

버터 30g_ 쉬에용

*레드와인은 프레시한 코트 뒤 방투(cotes du ventoux)를 사용한다.

만드는 방법

01 에샬로트는 쉬에용은 시즐레하고, 콩피용은 껍질째 2등분한다.

02 콩피용 에샬로트의 자른 단면에 그래뉴당을 묻히고, 자른 면이 아래로 가도록 오븐팬에 올려 180℃ 오븐에서 25분 정도 굽는다.

03 냄비에 버터를 녹이고, 시즐레한 에샬로트를 쉬에한다. 향이 나면 레드와인을 붓고 알코올을 날린다. 거품을 걷고 부케가르니와 **02**의 에샬로트 콩피를 넣어 약한불에서 수분이 없게 졸인다.

04 퐁 드 보를 붓고 거품을 걷으면서 약한불로 졸이고, 시누아로 거른다. 시누아에 남아 있는 에샬로트는 살짝 으깬다.

05 거른 국물을 다시 끓이고, 글라스 드 비앙드를 넣는다. 버터를 넣어 몽테한 후 소금, 후추로 간을 맞춘다.

용도·보관 쇠고기, 새끼양고기, 오리 등 모든 고기요리와 잘 어울린다. 만든 것은 가능하면 빨리 모두 사용하는 것이 기본이지만, 버터를 몽테하기 전이라면 진공포장하여 3일간 냉장보관이 가능하다.

소스 오 뱅 루주 푸르 푸아송

sauce au vin rouge pour poissons

어패류요리용 레드와인 소스

가재와 도미의 감칠맛을 더한, 생선요리용 레드와인 소스. 갑각류와 흰살생선을 함께 사용하면 다양한 맛으로 만들 수 있다. 비린내가 나지 않도록, 조리기 전에 생선을 충분히 익힌다.

재료_ 완성 후 약 300cc

가재 12마리

미르푸아

┌ 에샬로트 80g
│ 당근 50g
│ 셀러리 30g
└ 마늘 1쪽_ 껍질째

도미 머리 1개

강력분 10g

코냑 10cc

레드와인 3병(2.25ℓ)

글라스 드 비앙드(p.33) 30g

파슬리 줄기 1개

그래뉴당 조금

버터 적당량_ 몽테용

소금 적당량

후추 적당량

버터 50g_ 쉬에용

올리브오일 적당량

만드는 방법

01 가재는 껍데기째 길게 2등분하고, 등쪽 내장과 모래주머니를 제거한 후 소금, 후추로 밑간한다. 도미 머리도 반으로 잘라 아가미와 핏물을 제거하고, 물로 깨끗이 씻는다. 마늘은 살짝 으깨고, 에샬로트, 당근, 셀러리는 각각 브뤼누아즈한다. 레드와인은 끓여서 알코올을 날리고, 그대로 15분 정도 졸여서 시누아로 걸러둔다.

02 냄비에 버터와 마늘을 넣어 볶고, 향이 나면 가재를 넣는다. 구운 색이 나면 나머지 미르푸아를 넣어 구운 색과 향이 더 나게 볶고, 코냑을 부어 알코올을 날린다.

03 도미 머리에 강력분을 뿌리고, 올리브오일을 두른 프라이팬에서 골고루 색이 나게 구워 **02**의 냄비에 넣는다.

04 알코올을 날린 레드와인, 글라스 드 비앙드, 파슬리 줄기, 그래뉴당을 넣어 한소끔 끓이고 거품을 걷는다. 약한불로 줄이고 거품을 걷으면서 20분 졸인다.

05 시누아로 거르고 미르푸아를 조금 으깬다. 버터를 넣어 몽테하고, 다시 가열하여 소금, 후추로 간을 맞춘다.

용도·보관 도미 푸알레의 소스나 레드와인조림에 사용한다. 가능하면 빨리 모두 사용하는 것이 기본이지만, 버터를 몽테하기 전이라면 진공포장하여 3일간 냉장보관이 가능하다.

소스 오 뱅 루주 푸르 피죵

sauce au vin rouge pour pigeons

비둘기요리용 레드와인 소스

비둘기와 미르푸아를 레드와인과 퐁 드 볼라유로 뭉근하게 졸인 소스. 마지막에 레드와인비네거 레뒥숑을 넣어 농축된 깊은 맛에 깔끔한 뒷맛을 더한다.

재료_ 완성 후 약 300cc

비둘기 600g_ 뼈째

미르푸아

- 양파 80g
- 당근 80g
- 파 80g
- 셀러리 40g
- 양송이버섯 40g
- 마늘 1쪽_ 껍질째

박력분 15g

레드와인 900cc

퐁 드 볼라유(p.32) 900cc

부케가르니 1다발

레뒥숑* 25g

버터 15g_ 몽테용

소금 적당량

후추 적당량

버터 30g_ 쉬에용

땅콩기름 적당량

*레뒥숑은 에멩세한 에샬로트 15g, 레드와인비네거 120cc, 블랙 미뇨네트 3g을 모두 냄비에 넣고, 수분이 없어질 때까지 졸인 것. 만든 것을 모두 사용한다.

만드는 방법

01 비둘기는 뼈째 3cm 크기로 토막을 낸다. 양파, 당근, 파, 셀러리는 1cm 크기 주사위모양으로 데(dé)하고, 양송이버섯은 카르티에한다. 마늘은 살짝 으깬다.

02 냄비에 버터와 땅콩기름을 두르고, 비둘기를 넣어 색이 나게 굽는다. 미르푸아도 넣어 구수하게 색이 나도록 볶고, 체에 받쳐서 데그레세한다.

03 02의 비둘기와 미르푸아를 다시 냄비에 담고, 박력분을 뿌려 골고루 잘 섞은 후 레드와인을 여러 번 나눠 넣고 데글라세한다. 한소끔 끓여 알코올을 날리고, 퐁 드 볼라유를 넣는다. 끓으면 거품을 걷고, 부케가르니를 넣어 약한불로 1~2시간 졸이면서 수시로 거품을 걷는다.

04 비둘기와 미르푸아를 으깨면서 시누아로 거르고, 거른 국물에 레뒥숑을 넣어 맛이 잘 어우러지게 조금 끓인다.

05 다시 시누아로 거르고 소금, 후추로 간을 맞춘 후 버터로 몽테한다.

용도·보관 비둘기 로티르나 파테, 파이로 싸서 구운 요리의 소스로 사용한다. 가능하면 만들어서 빨리 모두 사용하는 것이 기본이지만, 버터로 몽테하기 전이라면 진공포장하여 3일간 냉장보관이 가능하다.

소스 드 오마르 오 뱅 루주

sauce de homard au vin rouge

레드와인 바닷가재 소스

바닷가재의 고급스러운 달콤한 향은 레드와인과도 잘 어울린다. 미르푸아와 함께 볶아서 향과 감칠맛을 충분히 내고, 레드와인과 퐁을 부어 졸인다. 어떤 생선요리에나 잘 어울리는 소스이다.

재료_ 완성 후 약 300cc

바닷가재 300g

미르푸아

┌ 에샬로트 100g
│ 당근 50g
│ 파 30g
└ 마늘 1쪽_ 껍질째

박력분 10g

레드와인 450cc

퐁 드 보(p.28) 300cc

퐁 드 볼라유(p.32) 150cc

토마토 1개

부케가르니 1다발

레드와인비네거 90cc

그래뉴당 15g

버터 15g_ 몽테용

소금 적당량

후추 적당량

버터 조금_ 쉬에용

만드는 방법

01 바닷가재는 껍데기째 2~3㎝ 크기로 토막을 낸다. 에샬로트, 당근, 파는 브뤼누아즈하고, 마늘은 살짝 으깬다. 레드와인은 끓여서 알코올을 날리고, 토마토는 씨를 제거한다.

02 냄비에 버터를 두르고, 바닷가재를 넣어 색이 나도록 굽는다. 일단 바닷가재를 꺼내고, 같은 냄비에 미르푸아를 넣어 색이 나게 볶은 후 바닷가재를 다시 넣는다. 박력분을 뿌려 골고루 섞고, 210~230℃ 오븐에서 가루 느낌이 없게 3분 굽는다.

03 냄비를 오븐에서 꺼내 알코올을 날린 레드와인, 퐁 드 보, 퐁 드 볼라유를 넣고 한소끔 끓인다. 거품을 걷고 약한불로 줄인 후, 토마토와 부케가르니를 넣어 뭉근하게 반으로 졸인다.

04 바닷가재와 채소를 조금 으깨면서 시누아로 거르고, 거른 국물은 불에 올려 레드와인비네거와 그래뉴당을 넣고 졸인다. 소금, 후추로 간을 맞추고, 버터로 몽테한다.

용도·보관 생선이나 갑각류 푸알레의 소스, 레드와인 조림에 사용한다. 가능하면 빨리 모두 사용하는 것이 기본이지만, 버터를 몽테하기 전이라면 진공포장하여 3일간 냉장보관이 가능하다.

소스 루아네즈

sauce rouennaise

루앙 스타일 소스

루앙지방은 유명한 오리 생산지로, 이 지역의 이름을 붙인 소스는 오리 간을 넣은 레드와인 소스를 말한다. 여기서는 오리 피도 넣어 더 농후한 맛이다

재료_ 완성 후 약 300cc

오리뼈　400g

미르푸아

- 양파　50g
- 당근　50g
- 셀러리　25g
- 마늘　1쪽_ 껍질째

강력분　조금

코냑　20cc

레드와인*　750cc

부케가르니　1다발

레드와인비네거　120cc

에샬로트　60g

흰 통후추　2g

오리 피*　조금

닭간 또는 오리 간 퓌레*　15g

버터　조금_ 몽테용

소금　적당량

후추　적당량

버터　30g_ 쉬에용

*레드와인은 미리 끓여서 알코올을 날려둔다.
(750cc는 알코올을 날리기 전의 분량)
*피는 오리를 자를 때 나온 것이다.
*닭간 퓌레는 간을 고운체에 내린 것이다.

만드는 방법

01 오리를 3cm 크기로 콩카세한다. 양파, 당근, 셀러리는 3mm 두께로 에맹세하고, 마늘은 살짝 으깬다.

02 프라이팬에 버터를 녹여 오리를 구수한 색이 나게 굽고, 체에 밭쳐서 데그레세하여 냄비에 담는다.

03 같은 프라이팬에 버터를 더 넣고, 미르푸아를 갈색으로 볶아서 오리가 담긴 냄비에 넣는다.

04 강력분을 뿌려 220~240℃ 오븐에 넣고 가루 느낌이 없게 5분 정도 굽는다. 냄비를 꺼내서 불에 올리고, 코냑을 부어 데글라세한다.

05 알코올을 날린 레드와인을 붓고 부케가르니를 넣어 끓인다. 거품을 걷고 약한불로 줄여 미조테 상태로 1시간 30분 정도 끓이면서 수시로 거품을 걷는다.

06 다른 냄비에 레드와인비네거, 아셰한 에샬로트, 흰 후추를 넣고 약한불에서 반으로 졸인 후 **05**의 냄비에 넣고 그대로 10분 정도 졸인다.

07 오리를 으깨면서 시누아로 거르고, 이 국물에 오리 피를 넣어 섞는다. 조금 데워서 구멍이 작은 고운 시누아로 거르고, 닭간 퓌레와 버터를 넣어 걸쭉하게 농도를 낸 후 소금, 후추로 간을 맞춘다.

용도·보관 오리 로티르나 따뜻한 파테의 소스로 사용한다. 소스가 변질되기 쉬워 보관은 불가능하다. 필요할 때 만들어서 가능하면 빨리 모두 사용한다.

SAUCES À BASE DE FONDS ET JUS
POUR POISSONS ET FRUITS DE MER

퐁과 쥐 소스(어패류)

소스 오마르

sauce homard

바닷가재 소스

바닷가재 육수와 토마토를 함께 졸인 감칠맛 풍부한 소스. 농후하지만 질감은 부드러운 벨벳 같아서 먹기 좋다. 바닷가재를 비롯해 여러 어패류와 잘 맞는다.

재료_ 완성 후 약 300cc
풍 드 오마르(p.50) 750cc
토마토 1개
토마토페이스트 조금
생크림 30cc
버터 30g
코냑 조금
소금 적당량
후추 적당량

만드는 방법

01 냄비에 풍 드 오마르, 껍질을 벗겨 씨를 제거한 토마토, 토마토페이스트를 넣고 약한불로 양이 1/3이 되도록 졸인다.

02 생크림을 넣어 가볍게 졸이고, 버터를 넣어 몽테한다.

03 소금, 후추로 간을 맞추고, 코냑을 넣어 향을 더한 후 시누아로 거른다.

용도·보관 갑각류와 어패류를 이용한 모든 요리에 사용한다. 풍미가 금방 사라지므로 보관은 불가능하다. 필요할 때 만들어서 가능하면 빨리 모두 사용한다.

소스 오마르 사용

타라곤 풍미의 바닷가재 소스와 함께 먹는
프로방스 스타일의 닭새우 시금치 토마토 파이

Chausson de langouste aux épinards et tomate à la provençale,
sauce homard à l'estragon

닭새우, 시금치, 토마토로 속을 채운 바삭한 파이에, 타라곤 풍미의
소스 오마르를 듬뿍 곁들인 요리. 닭새우는 껍데기를 벗겨서 30g씩
나누어 자르고, 칼집을 넣어 타라곤 잎을 끼워 넣는다. 여기에 소스
토마트 아 라 프로방살(p.257)을 바르고, 미리 데쳐둔 시금치로 감
싼 후 다시 푀이타주 생지로 싼다. 그리고 이탈리안파슬리의 모양을
살려 위에 올리고 230℃ 오븐에서 바삭하게 굽는다. 소스는 따뜻하
게 데운 소스 오마르에 다진 타라곤을 넣어 향을 더한 것. 접시에 요
리와 소스를 담고, 기름에 튀긴 타라곤과 바닷가재 알을 곁들인다.

소스 오마르 오 퀴리

sauce homard au curry

카레맛 바닷가재 소스

소스 오마르에 카레가루를 넣은 촉촉하고 스파이시한 소스. 생크림을 넣어 부드럽게 만들며, 마지막에 믹서로 거품을 내면 식감이 매끄럽다.

재료_ 완성 후 약 300cc
에샬로트 15g
마늘 2g
카레가루 5g
소스 오마르(p.186) 150cc
소스 토마트(p.258) 70cc
생크림 100cc
코냑 조금
소금 적당량
후추 적당량
올리브오일 조금

만드는 방법

01 에샬로트는 시즐레하고, 마늘은 심을 제거하여 아세한다.

02 냄비에 올리브오일을 두르고 마늘을 넣어 약한불로 볶는다. 향이 나면 에샬로트를 넣어 쉬에한다.

03 카레가루를 넣어 잘 섞고 소스 오마르, 소스 토마트, 생크림을 넣어 조금 졸인다.

04 시누아로 거르고, 에샬로트를 가볍게 으깬다. 다시 끓여서 소금, 후추로 간을 맞추고, 코냑을 조금 넣어 향을 더한다.

용도·보관 향신료를 넣어 스파이시한 갑각류요리와 잘 어울리는 소스. 핸드믹서로 조금 거품을 내서 사용해도 좋다. 풍미가 금방 사라지므로 보관하지 말고 가능하면 빨리 모두 사용한다.

소스 오마르 아 라 크렘

sauce homard à la crème

크림을 넣은 바닷가재 소스

바닷가재 육수를 진하게 졸여 만든 농후한 풍미의 소스. 버터 대신 소스 사바용(p.132)으로 리에하거나, 마지막에 오마르 오일(p.265)을 넣어도 좋다.

재료_ 완성 후 약 300cc

퐁 드 오마르(p.50) 600cc

에샬로트 60g

토마토페이스트 5g

생크림 140cc

버터 15g_ 몽테용

코냑 조금

소금 적당량

후추 적당량

버터 조금_ 쉬에용

만드는 방법

01 에샬로트를 아셰하여 버터로 쉬에하고, 퐁 드 오마르를 넣어 한소끔 끓인다. 끓으면 약한불로 줄여 양이 1/3이 될 때까지 뭉근히 졸인다.

02 토마토페이스트와 생크림을 넣고 섞어서 조금 졸인다.

03 버터를 넣어 몽테하고 소금, 후추로 간을 맞춘 후 시누아로 거른다. 마지막에 코냑을 넣어 풍미를 더한다.

용도·보관 광어 등의 흰살생선 푸알레나 파이로 싸서 구운 갑각류의 소스로 사용한다. 필요할 때 만들어서 가능하면 빨리 모두 사용한다.

소스 아 라 프로방살

sauce à la provençale

프로방스 스타일 소스

랑구스틴과 바닷가재로 맛을 낸 베이스를 뵈르 프로방살로 몽테하고, 코르니숑과 케이퍼를 뿌려 남프랑스 스타일로 만들었다. 다양한 맛의 깊은 맛이 있는 소스이다.

재료_ 완성 후 약 300cc

랑구스틴 머리 6개

바닷가재 머리 1개

미르푸아

- 양파 25g
- 당근 25g
- 셀러리 25g
- 마늘 1쪽_ 껍질째

코냑 15cc

화이트와인비네거 15cc

머스터드 아파레유* 620g

퐁 드 랑구스틴(p.53) 120cc

타라곤 1줄기

코르니숑* 8g

케이퍼 12g_ 초절임

뵈르 프로방살(p.159) 35g

소금 적당량

후추 적당량

올리브오일 조금

* 머스터드 아파레유(appareil)는
머스터드 100g, 토마토페이스트 40g, 화이트와인 320cc,
퓌메 드 푸아송(p.58) 160cc를 섞은 것.
* 오이초절임(피클).

만드는 방법

01 랑구스틴과 바닷가재 머리를 씻어 물기를 뺀다. 양파, 당근, 셀러리는 브뤼누아즈하고, 마늘은 살짝 으깬다.

02 프라이팬에 올리브오일을 두르고 마늘을 넣어 볶는다. 향이 나면 랑구스틴과 바닷가재 머리를 넣고 갈색으로 굽는다. 미르푸아를 넣어 마찬가지로 갈색으로 굽고, 체에 밭쳐서 데그레세한다.

03 데그레세한 02를 냄비에 담아 불에 올리고, 코냑으로 플랑베한 후 화이트와인비네거를 넣는다. 머스터드 아파레유, 퐁 드 랑구스틴을 넣어 한소끔 끓이고 거품을 걷는다. 약한불로 줄이고 타라곤을 넣어 미조테 상태로 25분 끓인다.

04 시누아로 거르고, 머리와 미르푸아를 으깨서 감칠맛을 낸다. 브뤼누아즈한 코르니숑과 케이퍼를 넣고, 뵈르 프로방살로 몽테한 후 소금, 후추로 간을 맞춘다.

용도·보관 흰살생선 푸알레와 조개 소테의 소스로 사용한다. 풍미가 금방 사라지므로 필요할 때 만들어서 가능하면 빨리 모두 사용한다.

소스 하타 아 라 크렘

sauce 「hata」 à la crème

능성어 크림소스

능성어는 기름기가 많은 고급 생선으로, 능성어의 감칠맛 가득한 퐁에 생크림을 섞어 심플한 소스로 만들었다. 크림을 넣어 맛이 부드럽고, 벨벳같이 매끄럽다.

재료_ 완성 후 약 300cc

퐁 드 하타 480cc

(아래 재료로 만드는 양은 약 2ℓ. 그 중에서 480cc만 사용)

- 능성어뼈 2kg
- 양파 100g
- 당근 100g
- 셀러리 50g
- 양송이버섯 200g
- 마늘 1쪽_ 껍질째
- 화이트와인 200cc
- 퐁 드 랑구스틴(p.53) 3ℓ
- 퐁 드 볼라유(p.32) 1ℓ
- 토마토 2개
- 부케가르니 1다발
- 화이트 미뇨네트 조금
- 올리브오일 조금

생크림 120cc

소금 조금

후추 조금

만드는 방법

■ 퐁 드 하타를 만든다

01 능성어뼈는 물에 담갔다 빼서 물기를 제거한다. 양파, 당근, 셀러리를 2mm 두께로 에맹세하고, 양송이버섯은 카르티에한다. 마늘은 살짝 으깨고, 토마토는 반으로 잘라 씨를 제거한다.

02 프라이팬에 올리브오일을 둘러 능성어뼈를 노릇하게 굽고, 체에 밭쳐서 데그레세한다.

03 다른 냄비에 올리브오일을 두르고 마늘을 볶아 향을 낸다. 양파, 당근, 셀러리, 양송이버섯을 넣어 색이 나지 않게 볶는다.

04 03에 능성어뼈를 넣어 조금 끓이고, 화이트와인을 넣고 알코올을 날린다. 퐁 드 랑구스틴, 퐁 드 볼라유를 부어 한소끔 끓이고 거품을 걷는다. 약한불로 줄이고 토마토, 부케가르니, 미뇨네트를 넣어 미조테 상태로 1시간~1시간 30분 끓인다.

05 시누아로 거른다.

■ 소스 완성

01 냄비에 퐁 드 하타 480cc를 붓고 반으로 졸인다. 생크림을 넣어 살짝 끓이고 소금, 후추로 간을 맞춘다.

용도·보관 능성어 푸알레의 소스로 사용한다. 풍미가 금방 사라지므로 보관은 불가능하다. 필요할 때 만들어서 가능하면 빨리 모두 사용한다.

소스 오 졸리브 누아르

sauce aux olives noires

블랙올리브 소스

블랙올리브 퓌레를 넣어 만든 생선요리용 소스. 화이트와인과 화이트와인비네거의 신맛이 올리브 향을 더욱 살려준다. 등푸른생선을 비롯하여 어떤 생선요리에나 잘 어울린다.

재료_ 완성 후 약 300cc

에샬로트 35g

마늘 5g

화이트와인 60cc

화이트와인비네거 30cc

화이트 미뇨네트 적당량

퓌메 드 푸아송 오르디네르(p.60) 250cc

생크림 180cc

블랙올리브 퓌레* 15g

버터 12g_ 몽테용

라임즙 조금

소금 적당량

후추 적당량

버터 적당량_ 쉬에용

＊블랙올리브 퓌레는 소금에 절인 올리브의 씨를 빼서
푸드프로세서에 갈고, 고운체에 내린 것이다.

만드는 방법

01 에샬로트와 마늘을 아셰한다.

02 냄비에 버터를 두르고 에샬로트와 마늘을 쉬에한다. 화이트와인, 화이트와인비네거, 미뇨네트를 넣고 약한불로 수분이 없어질 때까지 졸인다.

03 퓌메 드 푸아송을 넣고 그대로 반으로 줄 때까지 졸인다. 생크림을 넣고 고루 섞어 맛을 낸다.

04 시누아로 거르고 에샬로트를 가볍게 으깬다. 거른 국물은 끓여서 블랙올리브 퓌레를 넣어 섞고, 버터로 몽테한다. 라임즙을 넣고 소금, 후추로 간을 맞춘다.

용도 · 보관 전갱이, 고등어, 삼치 등의 등푸른생선 푸알레나 파이로 싼 구이의 소스로 사용한다. 풍미가 금방 사라지므로 보관은 불가능하다. 필요할 때 만들어서 가능하면 빨리 모두 사용한다.

소스 베르 푸르 푸아송

sauce verte pour poissons

어패류요리용 그린소스

선명한 녹색의 소스는 조금만 곁들여도 요리가 돋보인다. 같은 양의 파슬리와 이탈리안파슬리를 사용하여 선명하고 강렬한 풍미와 색의 균형을 만들어낸다.

재료_ 완성 후 약 300cc
퓌메 드 푸아송* 300cc
파슬리 잎 30g
이탈리안파슬리 잎 30g
마늘 1쪽_ 껍질째
버터 60g
올리브오일 60cc
소금 조금
후추 조금
생크림 20cc
버터 15g_ 몽테용

* 퓌메 드 푸아송은 p.58의 만드는 방법에서
물을 6ℓ로 줄여서 퓌메를 끓이고,
다시 반으로 졸인 농후한 것이다.

만드는 방법

01 냄비에 퓌메 드 푸아송을 넣고 끓인다.

02 믹서에 파슬리와 이탈리안파슬리 잎, 마늘, 버터, 올리브오일, **01**의 끓인 퓌메 드 푸아송을 넣어서 간다. 부드러운 퓌레 상태가 되면 시누아로 걸러서 차게 식힌다.

03 서빙할 때는 필요한 양만 냄비에 담아 따뜻하게 데우고, 생크림을 넣어 버터로 몽테한 후 소금, 후추로 간을 맞춘다.

용도 · 보관 생선요리에서 맛과 색을 더 돋보이게 하기 위해 조금 곁들인다. 색이나 풍미가 사라지기 쉬워서 보관은 불가능하다. 만들어서 그날 모두 사용한다.

소스 오 잘그

sauce aux algues

파래 소스

익히지 않은 파래의 선명한 색과 신선한 향을 즐기는 소스. 소스맛의 베이스가 되는 퓌메 드 푸아송을 다시마와 함께 끓이면 파래와 궁합이 매우 좋다.

재료_ 완성 후 약 300cc

퓌메 드 푸아송 오르디네르(p.60) 400cc

에샬로트 40g

다시마 5g

화이트 미뇨네트 조금

파래* 80g _ 신선한 것

E.V.올리브오일 20cc

버터 10g

레몬즙 조금

소금 적당량

후추 적당량

* 익히지 않은 신선한 파래가 없으면 말린 것을
물에 담갔다 충분히 물기를 빼서 사용한다.
단, 풍미는 신선한 파래만 못하다.

만드는 방법

01 냄비에 퓌메 드 푸아송, 아세한 에샬로트, 다시마, 미뇨네트를 넣어 끓인다. 끓기 직전에 다시마를 건져내고 반으로 졸인 후 시누아로 거른다.

02 믹서에 **01**의 거른 국물, 파래, E.V.올리브오일, 버터를 넣고 퓌레 상태로 간다.

03 소금, 후추, 레몬즙으로 간을 맞춘다.

용도·보관 흰살생선을 미역으로 말아 찐 것 등 해초를 이용한 요리에 사용한다. 색과 풍미가 사라지기 쉬우므로 보관은 불가능하다. 필요할 때 만들어서 가능하면 빨리 모두 사용한다.

소스 부야베스

sauce bouillabaisse

부야베스 소스

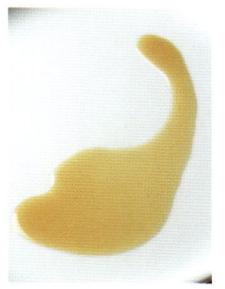

육수나 부야베스용 퓌메 드 클람으로 만드는, 어패류 수프나 조림용 소스. 주재료인 어패류의 맛을 살리기 위해 버터로 몽테하지 않고 뒷맛을 깔끔하게 만든다.

재료_ 완성 후 약 1ℓ

미르푸아

- 양파　100g
- 당근　100g
- 셀러리　60g
- 파　100g
- 양송이버섯　40g
- 마늘　1쪽_ 껍질째

퓌메 드 클람 푸르 부야베스(p.64)　1ℓ

사프란　적당량

부케가르니 1다발

완숙 토마토　2개

소금　조금

후추　조금

올리브오일　적당량_ 소테용

E.V.올리브오일　조금

만드는 방법

01 양파와 파는 5㎜ 두께, 당근과 셀러리는 3㎜ 두께, 양송이버섯은 2㎜ 두께로 에맹세한다. 토마토는 끓는 물에 넣었다 빼서 껍질을 벗기고, 씨를 제거하여 콩카세한다. 마늘은 살짝 으깬다.

02 냄비에 올리브오일을 두르고 미르푸아를 넣어 색이 나지 않게 소테한다. 퓌메 드 클람 푸르 부야베스를 붓고 한소끔 끓인 후, 거품을 걷고 약한불로 줄인다. 사프란과 부케가르니를 넣고 거품을 걷으면서 끓인다. 채소가 어느 정도 익으면 토마토를 넣어 조금 졸인다.

03 소금, 후추로 간을 맞추고 시누아로 거른다. 질 좋은 E.V.올리브오일을 조금 넣어 향을 낸다.

용도·보관 부야베스나 바닷가재를 넣어 끓인 수프에 사용한다. 보관하지 말고, 필요할 때 만들어서 가능하면 빨리 모두 사용한다.

소스 마르세예즈

sauce Marseillaise

마르세유 스타일 소스

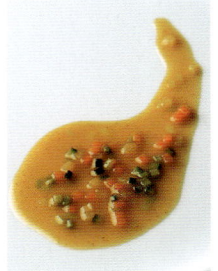

지중해에 접해 있는 마르세유의 이미지로 갑각류, 양파, 육수, 토마토, 사프란을 사용해 만든 소스. 갑각류와 채소의 단맛, 식감이 특징이며, 담백한 생선에 잘 어울린다.

재료_ 완성 후 약 300cc
바닷가재 껍데기   200g
미르푸아

- 양파   30g
- 당근   30g
- 펜넬   20g
- 셀러리   10g
- 양송이버섯   10g
- 마늘   1/2쪽

코냑   10cc
토마토   1/2개
토마토페이스트   2g
감자   50g
박력분   5g
퓌메 드 클람(p.61)   480cc
오렌지즙   120cc
사프란   조금
그랑 마르니에   10cc
버터   적당량
올리브오일   30cc
장식용 채소   조금씩_ 당근, 펜넬, 주키니, 파

만드는 방법

01 바닷가재 껍데기를 2㎝ 크기로 토막 낸다. 양파, 당근, 셀러리는 1㎝ 크기 주사위모양으로 데(dé)하고, 펜넬은 3㎜ 두께로 에맹세하며, 양송이버섯은 카르티에한다. 토마토는 씨를 제거한 후 카르티에하고, 감자는 3㎜ 두께로 에맹세한다.

02 냄비에 버터를 두르고, 미르푸아를 넣어 쉬에한다.

03 프라이팬에 올리브오일과 버터를 두르고 바닷가재 껍데기를 넣는다. 껍데기가 붉어지면 코냑을 부어 플랑베한 후 **02**의 냄비에 옮겨 담는다. 토마토, 토마토페이스트, 감자를 넣어 살짝 볶는다.

04 박력분을 뿌려서 고루 섞고, 210~230℃ 오븐에 넣어서 가루 느낌이 없게 굽는다.

05 퓌메 드 클람과 오렌지즙을 넣고, 끓으면 거품을 걷는다. 약한불로 줄여서 미조테 상태로 반이 될 때까지 졸이는데, 마무리 10분 전에 사프란을 넣는다. 미르푸아를 으깨면서 시누아로 거른다.

06 당근, 펜넬, 주키니, 파를 브뤼누아즈하여 살짝 데친다. 이것을 **05**의 소스에 넣어 섞고, 그랑 마르니에도 넣어 맛을 낸다.

용도 · 보관 담백한 흰살생선요리의 소스로 사용한다. 풍미가 금방 사라지므로 보관은 불가능하다. 필요할 때 만들어서 가능하면 빨리 모두 사용한다.

소스 아 라니스

sauce à l'anis

아니스 풍미의 소스

우리에게는 이국적이지만 프랑스에서는 친숙한 아니스 향. 퓌메 드 생자크의 단맛이 아니스 향과 잘 어울린다. 퓌메 드 생자크에 마요네즈를 섞어 맛이 은은하고 식감이 부드럽다.

재료_ 완성 후 약 300cc

양파 50g

펜넬 40g

퓌메 드 코키유 생자크(p.65) 80cc

생크림 70cc

사프란 15개

스타아니스 2개

파스티스* 10cc

소스 마요네즈(p.120) 280g

소금 적당량

후추 적당량

올리브오일 조금

* 파스티스는 아니스와 감초의 풍미를 가진
달고 쌉쌀한 리큐르로「페르노」등이 대표상표이다.

만드는 방법

01 양파와 펜넬은 2㎜ 두께로 에맹세한다.

02 냄비에 올리브오일을 두르고 양파, 펜넬을 넣어 쉬에한다. 익으면 퓌메 드 생자크, 생크림, 사프란, 스타아니스를 넣고 약한불에서 10분 끓인다.

03 시누아로 거르고, 채소와 사프란도 가볍게 으깨서 거른다. 파스티스를 넣고 소금, 후추로 맛을 낸다.

04 식으면 소스 마요네즈를 넣어 섞는다.

용도·보관 어패류 테린(terrine, 곱게 간 생선이나 닭고기 등을 단지나 틀에 채워서 찐 뒤 식혀서 먹는 요리)이나 여러 차가운 요리의 소스로 사용한다. 풍미가 사라지기 쉬워서 보관은 불가능하다. 필요할 때 만들어서 빨리 모두 사용한다.

SAUCES À BASE DE FONDS ET JUS POUR VIANDES

퐁과 쥐 소스(육류)

쥐 드 보 오 졸리브

jus de veau aux olives

올리브 풍미의 송아지 소스

송아지 육즙소스를 올리브오일로 몽테한 후 토마토, 블랙올리브, 바질을 넣은 건더기가 많은 소스. 올리브의 신맛과 깊은 맛, 토마토와 바질의 산뜻함이 섞인 다양한 맛이다.

재료_ 완성 후 약 300cc

쥐 드 보(p.69) 500cc

E.V.올리브오일 25cc

소금 조금

후추 조금

토마토 50g

블랙올리브 30g _ 소금절임

바질 잎 적당량

만드는 방법

01 토마토는 끓는 물에 넣었다 빼서 껍질과 씨를 제거하고, 블랙올리브와 함께 5mm 크기로 브뤼누아즈한다. 바질 잎도 5mm 정도 크기로 잘게 썬다.

02 쥐 드 보를 약한불~중불로 끓여서 반 정도로 졸인다. E.V.올리브오일을 조금씩 넣으면서 몽테하고, 소금과 후추로 간을 맞춘다.

03 냄비를 불에서 내리고 토마토, 블랙올리브, 바질 잎을 넣어 섞는다.

용도·보관 그리예한 송아지 등심이나 안심의 소스로 사용한다. 풍미가 사라지기 쉬워 보관은 불가능하다. 필요할 때 만들어서 가능하면 빨리 모두 사용한다.

쥐 드 뵈프 아 레스트라곤

jus de bœuf à l'estragon

타라곤 풍미의 쇠고기 소스

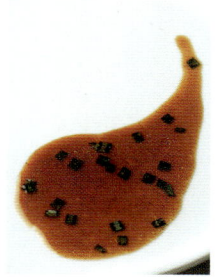

쇠고기 육즙소스를 졸이고, 타라곤과 쥐 드 트뤼프로 심플하게 만든 소스. 젤라틴이 많아서 감 칠맛의 여운이 길게 남는다. 타라곤 잎을 다져 넣어 상큼하다.

재료_ 완성 후 약 300cc

쥐 드 뵈프(p.70)　500cc

타라곤　1줄기

타라곤 잎　3g

쥐 드 트뤼프　30cc_ 시판 제품

버터　20g

소금　적당량

후추　적당량

만드는 방법

01 쥐 드 뵈프와 타라곤을 약한불～중불로 끓여서 반 정도로 졸인다.

02 쥐 드 트뤼프를 넣고 버터로 몽테한 후 시누아로 거른다.

03 시즐레한 타라곤 잎을 넣고 소금, 후추로 맛을 낸다.

용도·보관 쇠고기나 송아지 푸알레의 소스로 사용한 다. 풍미가 사라지기 쉬우므로 보관은 불가능하다. 필 요할 때 만들어서 가능하면 빨리 모두 사용한다.

소스 비가라드

sauce bigarade

비가라드 소스

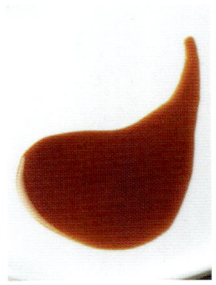

「비가라드」는 쓴맛을 가진 오렌지를 말한다. 오렌지 풍미를 살린 새콤달콤한 소스와 오리의 조합은 프렌치요리를 대표하는 맛이다. 정통 레시피를 소개한다.

재료_ 완성 후 약 300cc

그래뉴당 30g

물 조금

화이트와인비네거 50cc

오렌지즙 120cc

레몬즙 40cc

쥐 드 카나르(p.73) 600cc

그랑 마르니에 40cc

버터 15g

소금 적당량

후추 적당량

만드는 방법

01 냄비에 그래뉴당과 그래뉴당 전체가 젖을 정도로 물을 조금 넣고 중불로 끓인다. 캐러멜 상태가 되면 화이트와인비네거, 오렌지즙, 레몬즙을 넣고 약한불로 양을 1/3까지 졸인다.

02 쥐 드 카나르를 붓고, 거품을 걷으면서 반 정도가 되게 졸인다.

03 그랑 마르니에를 넣어 조금 끓인 후 버터를 넣어 몽테한다. 소금, 후추로 간을 맞추고 시누아로 거른다. 농도가 너무 묽으면 전분을 물에 풀어서 1작은술 정도 넣어도 된다.

용도·보관 오리 로티르나 푸알레의 소스로 사용한다. 풍미가 사라지기 쉬워서 보관은 불가능하다. 필요할 때 만들어서 가능하면 빨리 모두 사용한다.

소스 카나르 아 로랑주

sauce canard à l'orange

오렌지 풍미의 오리 소스

오리 소스의 응용. 그래뉴당을 뿌려서 캐러멜화한 에샬로트를 오렌지즙, 오리 육즙소스와 함께 졸여 다양한 맛을 더하고, 블랙페퍼를 넣어 뒷맛을 깔끔하게 만든다.

재료_ 완성 후 약 300cc

에샬로트 80g
그래뉴당 5g
레드와인비네거 30cc
블랙 미뇨네트 조금
그랑 마르니에 75cc
오렌지즙 120cc
쥐 드 카나르(p.73) 500cc
오렌지 1/4개
버터 적당량_ 몽테용
소금 적당량
후추 적당량
버터 10g_ 쉬에용

만드는 방법

01 에샬로트를 3㎜ 두께로 에맹세하여 그래뉴당을 뿌려둔다. 오렌지는 껍질을 벗겨 얇게 슬라이스한다.

02 냄비에 버터를 두르고, 그래뉴당을 뿌린 에샬로트를 넣어 가볍게 캐러멜화한다. 레드와인비네거로 데글라세하고, 미뇨네트, 그랑 마르니에(60cc), 오렌지즙을 넣고 약한불로 양이 1/3이 되도록 졸인다.

03 쥐 드 카나르를 붓고 슬라이스한 오렌지를 넣은 후 거품을 걷으면서 양이 반이 되도록 더 졸인다.

04 소금, 후추로 간을 맞추고 버터를 넣어 몽테한 후, 에샬로트와 오렌지 슬라이스를 가볍게 으깨면서 시누아로 거른다.

05 나머지 그랑 마르니에를 넣고 살짝 끓여서 향을 낸다.

용도·보관 오리 가슴살 푸알레나 다릿살 브레제 등 오리요리의 소스로 사용한다. 풍미가 사라지기 쉬워 보관은 불가능하다. 필요할 때 만들어서 가능하면 빨리 모두 사용한다.

소스 카나르 오 프랑부아즈

sauce canard aux framboises

산딸기 풍미의 오리 소스

산딸기로 만드는 오리 소스. 가스트리크를 넣지 않고 빈코토(vincotto, 포도나 와인을 졸여 만든 소스)의 자연스런 단맛으로 산딸기의 새콤달콤한 맛을 더 살렸다. 뒷맛이 남지 않는 깨끗한 맛이다.

재료_ 완성 후 약 300cc

에샬로트 60g

레드와인비네거 50cc

루비 포트와인 80cc

블랙 미뇨네트 조금

쥐 드 카나르(p.73) 500cc

산딸기* 60g_ 통째로

빈코토* 40cc_ 산딸기 풍미

버터 적당량_ 몽테용

소금 적당량

후추 적당량

버터 10g_ 쉬에용

크렘 드 프랑부아즈* 20cc

* 신선한 산딸기가 없으면 냉동한 것을 사용한다.
* 빈코토는 포도의 압착즙을 졸인 시럽이다.
발사믹비네거와 비슷한 색과 농도로,
이탈리아에서 감미료로 사용한다.
여기서는 산딸기즙을 넣어 만든 것을 사용한다.
* 크렘 드 프랑부아즈는 산딸기 리큐르.

만드는 방법

01 에샬로트를 아셰한다.

02 냄비에 버터를 녹여 에샬로트를 쉬에한다. 레드와인비네거, 포트와인, 미뇨네트를 넣고 약한불~중불로 양이 1/3이 되도록 졸인다.

03 쥐 드 카나르, 산딸기, 빈코토를 넣고 거품을 걷으면서 반이 되도록 졸인다.

04 소금, 후추로 간을 맞추고 버터로 몽테한 후, 산딸기를 가볍게 으깨면서 시누아로 거른다.

05 마지막에 크렘 드 프랑부아즈를 넣고 조금 끓여서 향을 낸다.

용도·보관 오리 푸알레나 로티르, 푸아그라 소테의 소스로 사용한다. 풍미가 사라지기 쉬워서 보관은 불가능하다. 필요할 때 만들어서 가능하면 빨리 모두 사용한다.

소스 카나르 오 카시스

sauce canard au cassis

카시스 풍미의 오리 소스

카시스로 만든 오리 소스는 오렌지나 산딸기와는 또 다른 맛이다. 단맛을 줄여서 깔끔하게 만들어 단 오렌지 소스를 싫어하는 사람도 부담 없이 먹을 수 있다.

재료_ 완성 후 약 300cc

에샬로트   125g
그래뉴당   5g
레드와인비네거   50cc
블랙 미뇨네트   조금
크렘 드 카시스* 65cc
쥐 드 카나르(p.73)   500cc
카시스 퓌레* 25g
버터   15g_ 몽테용
소금   적당량
후추   적당량
버터   적당량_ 쉬에용

*크렘 드 카시스는 카시스 리큐르.
*카시스 퓌레는 신선한 카시스를 푸드프로세서로 간 것, 또는 시판 퓌레를 사용한다.

만드는 방법

01 에샬로트를 3mm 두께로 에맹세하여 그래뉴당을 뿌려둔다.

02 냄비에 버터를 녹이고 01의 에샬로트를 넣어 가볍게 캐러멜화한다. 레드와인비네거를 부어 데클라세한 후 미뇨네트, 크렘 드 카시스(50cc)를 넣어 약한불~중불로 양이 반이 되도록 졸인다.

03 쥐 드 카나르, 카시스 퓌레를 넣고 거품을 걷으면서 반으로 졸인다.

04 소금, 후추로 간을 맞추고 버터로 몽테한 후, 카시스를 가볍게 으깨면서 시누아로 거른다.

05 마지막에 나머지 크렘 드 카시스를 넣고 조금 끓여서 향을 낸다.

용도·보관 오리 푸알레나 로티르 등의 소스로 사용한다. 풍미가 사라지기 쉬워 보관은 불가능하다. 필요할 때 만들어서 가능하면 빨리 모두 사용한다.

쥐 드 카유 오 레쟁

jus de caille aux raisins

건포도를 넣은 메추라기 소스

거봉 콩포트를 이용한 소스. 메추라기의 섬세하면서 농후한 맛을 거봉의 단맛으로 산뜻하게 만든다. 과육의 상큼함이 소스에 악센트를 준다.

재료_ 완성 후 약 300㏄

거봉 콩포트* 20알

거봉 콩포트 국물* 250㏄

쥐 드 카유(p.76) 500㏄

버터 적당량_ 몽테용

소금 적당량

후추 적당량

*거봉 콩포트와 국물
(아래는 만들기 좋은 분량. 필요한 양만 사용한다)

┌ 거봉 40알
│ 레드와인 400㏄
│ 물 150㏄
│ 그래뉴당 30g
└ 오렌지 1/2개

만드는 방법

■ 거봉 콩포트를 만든다

01 거봉을 살짝 블랑시르하여 껍질과 씨를 제거한다.

02 알코올을 날린 레드와인, 물, 그래뉴당, 슬라이스한 오렌지를 불에 올려 그래뉴당을 녹인다. 거봉을 넣고, 끓으면 불에서 내려 상온에서 식힌다.

■ 소스를 만든다

01 거봉 콩포트 국물을 약한불~중불로 양이 1/5이 되도록 졸인다. 쥐 드 카유를 넣고 거품을 걷으면서 반 정도가 되도록 더 졸인다.

02 소금, 후추로 간을 맞추고, 버터로 몽테한 후 시누아로 거른다.

03 마지막에 거봉 콩포트를 넣는다.

용도·보관 메추라기 소스와 브레제에 사용(브레제의 경우 리졸레한 메추라기를 콩포트 국물, 쥐 드 카유와 함께 끓여서 소스를 동시에 만든다). 풍미가 사라지기 쉬워 보관은 불가능하다. 필요할 때 만들어서 빨리 모두 사용한다.

쥐 드 카유 오 모리유

jus de caille aux morilles

곰보버섯을 넣은 메추라기 소스

프랑스 봄이 제철인 곰보버섯. 그 농후한 향과 감칠맛이 메추라기의 농축된 맛과 잘 어울린다. 신선한 곰보버섯이 아니면 만날 수 없는 진한 향을 담기 위해, 곰보버섯이 나오는 제철에만 만든다.

재료_ 완성 후 약 300cc

곰보버섯* 20개

에샬로트 20g

마데이라 200cc

쥐 드 카유(p.76) 500cc

생크림 50cc

버터 적당량_ 몽테용

소금 적당량

후추 적당량

버터 10g _ 쉬에용

*곰보버섯은 향이 진한 프랑스의 고급 버섯이다.
봄에만 신선한 버섯이 나오고, 그 밖에 말린 것도 있다.
이 소스에서는 신선한 버섯을 사용한다.
프랑스어로는 모리유(morille).

만드는 방법

01 곰보버섯은 갓 중심으로 닦고, 에샬로트는 시즐레한다.

02 냄비에 버터를 두르고 에샬로트를 넣어 쉬에한다. 곰보버섯을 넣어 전체를 한 번 섞고, 마데이라를 부어서 약한불로 양이 1/4이 되도록 졸인다.

03 쥐 드 카유를 붓고 한소끔 끓여서 거품을 걷는다. 불을 약하게 줄여서 반 정도로 졸이고, 생크림을 넣어 한소끔 끓인 후 소금, 후추로 간을 맞추고 버터로 몽테한다.

용도·보관 메추라기 로티르의 소스로 사용한다. 풍미가 사라지기 쉬워 보관은 하지 않는다. 필요할 때 만들어서 가능하면 빨리 모두 사용한다.

소스 피종 오 제피스

sauce pigeon aux épices

향신료 풍미의 비둘기 소스

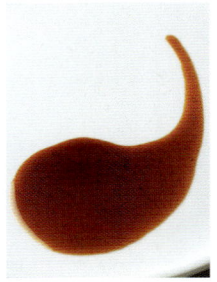

비둘기 육즙소스를 굵게 간 향신료, 생강과 함께 졸인 새콤달콤한 소스. 향신료와 잘 어울리는 좋은 꿀을 넣어, 소스에 단맛과 함께 깊은 맛과 윤기를 준다.

재료_ 완성 후 약 300cc

그래뉴당 70g
물 조금
레드와인비네거 150cc
코리앤더 5g
블랙 미뇨네트 5g
쿠민 2g
스타아니스 1개
쥐 드 피종(p.74) 500cc
꿀 25cc
생강 10g
쥐 드 트뤼프 15cc_ 시판 제품
버터 적당량_ 몽테용
소금 조금

만드는 방법

01 코리앤더, 쿠민, 스타아니스는 굵게 갈고, 생강은 2mm 두께로 에맹세한다.

02 냄비에 그래뉴당과 약간의 물을 붓고 끓여서 캐러멜화한다. 레드와인비네거를 넣고 데글라세한 후 코리앤더, 미뇨네트, 쿠민, 스타아니스를 넣고 약한불에서 양이 1/3이 되도록 졸인다.

03 쥐 드 피종을 붓고 불을 세게 한다. 끓으면 거품을 걷고 약한불로 줄인 후, 꿀과 생강을 넣어 양이 반이 되도록 더 졸인다.

04 쥐 드 트뤼프를 넣고 소금으로 간을 한 후 버터로 몽테한다. 향신료와 생강을 가볍게 으깨면서 시누아로 거른다.

용도·보관 비둘기 로티르의 소스로 사용한다. 오리나 지비에 등 맛이 강한 육류 로티르와도 잘 어울린다. 풍미가 사라지기 쉬워 보관은 불가능하므로 필요할 때 만들어서 가능하면 빨리 모두 사용한다.

소스 오 트뤼프 리에 오 푸아그라

sauce aux truffes lié au foie gras

푸아그라로 리에한 트러플 소스

트러플과 푸아그라를 넉넉히 사용한 리치한 소스. 트러플과 푸아그라를 따로 준비해서 마지막에 합쳐 모두의 풍미를 살린다. 비둘기 대신 송아지나 오리 쥐로 만들어도 좋다.

재료_ 완성 후 약 300cc

쥐 드 피죵(p.74) 480cc

소스 뱅 루주(p.180) 120cc

푸아그라 60g

트러플 40g

코냑 조금

마데이라 60cc

쥐 드 트뤼프 20cc_ 시판 제품

버터 15g_ 몽테용

소금 조금

후추 조금

버터 5g_ 쉬에용

만드는 방법

01 푸아그라는 고운체에 내리고, 트러플은 2mm 크기로 브뤼누아즈한다.

02 냄비에 쥐 드 피죵, 소스 뱅 루주를 넣고 약한불로 양이 1/3이 되도록 졸인다.

03 한소끔 끓여 냄비를 불에서 내리고, 푸아그라를 넣어 몽테한 후 시누아로 거른다.

04 다른 냄비에 버터를 녹여 트러플을 쉬에한다. 코냑과 마데이라로 데글라세하고, 쥐 드 트뤼프를 넣어 가볍게 졸인다.

05 한소끔 끓인 **03**의 소스를 **04**의 냄비에 넣어 섞고, 버터로 몽테한 후 소금, 후추로 간을 맞춘다.

용도·보관 베이컨으로 싼 비둘기 로티르나, 비둘기를 푸아그라나 트러플과 함께 크레피네트(crepinettes, 창자막)로 싸서 만든 요리에 잘 어울린다. 풍미가 사라지기 쉬워 보관은 불가능하다. 필요할 때 만들어서 가능하면 빨리 모두 사용한다.

소스 오 유주코쇼

sauce au 「Yuzu-Kosyou」

유자고추 풍미의 소스

송아지 힘줄과 퐁 드 보를 졸인 베이스에 마지막으로 유자고추를 넣어 산뜻한 향과 강한 자극이 느껴지는 소스. 로티르같이 담백한 고기요리에 잘 맞는다.

재료_ 완성 후 약 300㏄

송아지 힘줄(스지) 800g

에샬로트 80g

레드와인비네거 60㏄

블랙 미뇨네트 조금

레드와인 240㏄

부케가르니 1다발

퐁 드 보(p.28) 480㏄

버터 15g_ 몽테용

소금 적당량

유자고추* 조금

버터 적당량_ 쉬에용

땅콩기름 적당량

* 강판에 간 유자껍질에 고추와 소금을 섞은 것.
오이타현 등의 규슈지방 특산품으로 양념처럼 사용한다.

만드는 방법

01 송아지 힘줄을 3~4㎝ 크기로 토막 내고, 에샬로트는 시즐레한다.

02 냄비에 버터와 땅콩기름을 두르고 송아지 힘줄을 넣어 갈색이 나게 굽는다. 중간에 에샬로트를 넣어 함께 색을 내고, 기름이 많이 나오면 힘줄과 에샬로트를 체에 밭쳐서 데그레세한 후 냄비에 다시 담는다.

03 레드와인비네거를 부어 데글라세하고, 미뇨네트와 레드와인을 붓는다. 끓으면 거품을 걷고 부케가르니를 넣은 후 약한불로 줄여서 수분이 없어질 때까지 졸인다. 퐁 드 보를 넣어 양이 2/3가 될 때까지 졸인다.

04 힘줄을 가볍게 으깨면서 시누아로 거르고, 소금과 유자고추로 간을 맞춘 후 버터로 몽테한다.

용도·보관 그리예한 쇠고기나 송아지 등심, 오리나 비둘기 로티르 등의 소스로 사용한다. 풍미가 사라지기 쉬워 보관하지 않으므로 필요할 때 만들어서 가능하면 빨리 사용한다.

소스 오 레포르

sauce au raifort

홀스래디시 소스

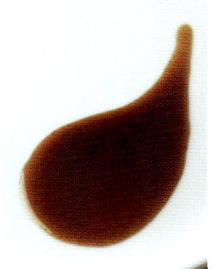

산뜻한 향과 자극적인 맛을 가진 홀스래디시를 이용한 소스. 로스트비프를 비롯하여 재료 고유의 맛을 살린 고기요리에 곁들인다. 어떤 고기와도 잘 어울린다.

재료_ 완성 후 약 300cc

쇠고기 힘줄(스지) 1kg

미르푸아

- 양파 80g
- 당근 80g
- 셀러리 40g
- 양송이버섯 10g
- 마늘 1/2쪽_ 껍질째

레드와인 120cc

퐁 드 볼라유(p.32) 1.5ℓ

퐁 드 보(p.28) 375cc

토마토 1개

부케가르니 1다발

홀스래디시* 10g

버터 15g _ 몽테용

소금 적당량

후추 적당량

땅콩기름 적당량

* 서양와사비. 프랑스어로 레포르(raifort)라 한다.

만드는 방법

01 쇠고기 힘줄을 3~4㎝ 크기로 토막 낸다. 양파, 당근, 셀러리는 1.5㎝ 크기 주사위모양으로 데(dé)하고, 양송이버섯은 카르티에한다. 마늘은 살짝 으깨고, 토마토는 끓는 물에 넣었다 빼서 껍질과 씨를 제거한 후 콩카세한다. 홀스래디시는 사용하기 직전 강판에 간다.

02 냄비에 땅콩기름을 두르고 쇠고기 힘줄을 넣어 겉에 갈색이 나도록 굽는다. 미르푸아를 넣고 더 구워서 색을 내고, 체에 밭쳐서 데그레세한다. 냄비는 레드와인을 넣어 데글라세한다.

03 쇠고기 힘줄과 미르푸아를 냄비에 다시 담고, 퐁 드 볼라유와 퐁 드 보를 부어 센불에서 끓인다. 끓으면 거품을 걷은 후 토마토와 부케가르니를 넣고, 약한불에서 미조테 상태로 거품을 걷으면서 1시간 정도 졸인다. 힘줄과 미르푸아를 가볍게 으깨면서 시누아로 거른다.

04 거른 국물을 300cc 정도가 되도록 더 끓인 후, 강판에 간 홀스래디시를 넣고 버터로 몽테한다. 소금, 후추로 간을 맞추고 시누아로 거른다.

용도·보관 쇠고기나 돼지고기 푸알레 또는 로스트비프의 소스로 사용한다. 홀스래디시 풍미가 금방 사라지므로 만드는 방법 **03**까지 만들어서 냉장보관한다. 또는 진공포장하여 냉동보관하고, 서빙할 때 필요한 양만 데워서 소스를 만든다.

소스 살미 푸르 피죵

sauce salmis pour pigeons

비둘기용 살미 소스

본래 로티르한 비둘기를 잘라 넣어 맛을 내는 것이 살미 소스이다. 마지막에 비둘기를 으깨서 엑기스를 뽑아낸 농후한 풍미가 특징이며, 구멍이 작은 시누아로 내려 부드럽게 만든다.

재료_ 완성 후 약 300cc

비둘기뼈와 자투리고기 600g

미르푸아

┌ 에샬로트 60g

│ 당근 60g

│ 셀러리 30g

│ 양송이버섯 40g

└ 마늘 1쪽_ 껍질째

레드와인 300cc

퐁 드 보(p.28) 400cc

글라스 드 비앙드(p.33) 적당량

화이트 미뇨네트 조금

굵은소금 적당량

부케가르니 1다발

버터 적당량

소금 적당량

후추 적당량

땅콩기름 적당량

만드는 방법

01 비둘기는 2㎝ 크기로 토막 낸다. 에샬로트, 당근, 셀러리는 5㎜ 크기로 브뤼누아즈하고, 양송이버섯은 카르티에한다. 마늘은 살짝 으깬다.

02 냄비에 땅콩기름을 두르고 마늘과 비둘기를 넣어 볶는다. 색이 나면 미르푸아를 넣어 채소에도 구수한 색이 나도록 더 볶는다.

03 02를 체에 밭쳐서 데그레세하여 다시 냄비에 담고, 불에 올려서 레드와인으로 데글라세한다. 퐁 드 보를 부어 한소끔 끓이고 거품을 걷는다. 약한불로 줄이고 글라스 드 비앙드, 미뇨네트, 굵은소금, 부케가르니를 넣어 약 30분 끓인다.

04 구멍이 작은 시누아로 비둘기를 으깨면서 거르고, 거른 국물을 다시 불에 올려서 조금 졸인다. 버터로 몽테하고 소금, 후추로 간을 맞춘다.

용도·보관 비둘기 로티르의 소스로 사용한다. 풍미와 식감이 떨어져서 보관이 불가능하므로 필요할 때 만들어서 빨리 모두 사용한다.

소스 살미 푸르 페르드로

sauce salmis pour perdreaux

자고새용 살미 소스

자고새 새끼를 통째로 조리하여 해체하고 남은 뼈로 만드는 살미 소스. 맛이 강한 고기와 잘 어울리며, 지비에 간이나 푸아그라를 넣은 버터로 몽테한다. 멧도요도 같은 방법으로 소스를 만든다.

재료_ 완성 후 약 300cc
자고새 새끼 3마리(약 850g)_ 뼈, 내장째
미르푸아

- 양파 80g
- 당근 80g
- 셀러리 25g
- 에샬로트 30g
- 양송이버섯 45g
- 마늘 1쪽_ 껍질째

코냑 30cc
화이트와인 200cc
퐁 드 지비에(p.42) 600cc
글라스 드 비앙드(p.33) 40g
화이트 미뇨네트 조금
지비에 간을 넣은 버터(p.161) 12g
소금 적당량
후추 적당량
땅콩기름 적당량

만드는 방법

01 양파, 당근, 셀러리, 에샬로트를 5㎜ 크기로 브뤼누아즈한다. 양송이버섯은 카르티에하고, 마늘은 살짝 으깬다.

02 자고새 새끼는 통째로 소금을 뿌려 땅콩기름을 두른 냄비에 넣는다. 겉면을 리졸레하고 오븐에 넣어 반만 익힌다.

03 구운 자고새 새끼를 해체하여 가슴살과 다릿살은 따로 따뜻하게 보관한다(나중에 요리에 사용한다). 남은 뼈와 내장(심장과 간)은 2㎝ 정도로 콩카세한다.

04 다른 냄비에 땅콩기름을 둘러 자고새 새끼의 뼈와 심장을 색이 나도록 굽고, 중간에 미르푸아도 넣어 색이 나도록 볶는다. 체에 밭쳐서 데그레세하여 냄비에 다시 담고, 코냑을 넣어 플랑베한 후 화이트와인으로 데글라세한다.

05 퐁 드 지비에를 부어 센불에 올리고, 끓으면 거품을 걷은 후 약한불로 줄인다. 글라스 드 비앙드, 미뇨네트를 넣고 거품을 걷으면서 반 정도로 졸인다.

06 자고새 새끼의 뼈와 심장을 가볍게 으깨면서 구멍이 작은 시누아로 거른다. 거른 국물은 다시 끓여서 가볍게 졸인다.

07 지비에 간을 넣은 버터와 자고새 새끼의 간으로 몽테하고 소금, 후추로 간을 맞춘다.

용도·보관 따뜻하게 보관해둔 자고새 새끼의 가슴살과 다릿살에 소스를 듬뿍 곁들여서 서빙한다. 요리와 소스를 동시에 만들기 때문에 보관하기 어렵다.

소스 푸아브라드

sauce poivrade

푸아브라드 소스

지비에 육수를 베이스로 하고 생강으로 맛을 낸 소스 푸아브라드는 지비에요리의 정통 소스이다. 지비에 살코기에 뒤지지 않는 강렬한 맛으로, 개성이 강한 고기를 맛볼 수 있다.

재료_ 완성 후 약 300cc

지비에 힘줄과 자투리고기* 500g

코냑 30cc

미르푸아

- 양파 40g
- 당근 40g
- 셀러리 15g
- 에샬로트 20g
- 마늘 1쪽_ 껍질째

레드와인 600cc

강력분 1/2큰술

레드와인비네거 70cc

퐁 드 보(p.28) 350cc

퐁 드 지비에(p.42) 350cc

타임 2줄기

월계수잎 1장

파슬리 줄기 2개

블랙 미뇨네트 25알

버터 12g_ 몽테용

소금 적당량

버터 적당량

땅콩기름 적당량

* 조류, 산토끼, 멧돼지 이외의 고기를 사용한다.

만드는 방법

01 지비에 힘줄과 자투리고기를 6~7㎝ 크기로 토막 낸다. 양파, 당근, 셀러리, 에샬로트를 1㎝ 크기로 콩카세하고, 마늘은 살짝 으깬다.

02 프라이팬에 버터와 땅콩기름을 두르고 힘줄과 자투리고기를 넣어 완전히 갈색으로 구운 후 체에 밭쳐서 데그레세한다. 프라이팬에 코냑을 부어 플랑베하고, 레드와인을 반 정도 부어 데글라세한 후 시누아로 거른다.

03 다른 냄비에 버터와 땅콩기름을 두르고, 미르푸아를 넣고 색이 나도록 볶는다. **02**의 힘줄과 자투리고기를 넣고 강력분을 뿌려 잘 섞은 후 250℃ 오븐에 넣어 가루 느낌이 없게 5분 굽는다.

04 냄비를 불에서 내려 레드와인비네거를 넣고, 약한 불에서 양을 1/3로 졸인다. 나머지 레드와인과 **02**의 데글라세한 국물을 넣고, 알코올을 날리며 양을 2/3로 졸인다.

05 퐁 드 보, 퐁 드 지비에를 넣어 한소끔 끓이고 거품을 걷는다. 약한불로 줄인 후 타임, 월계수잎, 파슬리 줄기를 넣고, 거품을 걷으면서 양을 2/3로 졸인다. 중간에 미뇨네트를 넣고 15분 정도 졸인다(미뇨네트를 처음부터 넣으면 떫은맛이 난다).

06 버터로 몽테하고 소금으로 간해 시누아로 거른다.

용도·보관 지비에로 만든 모든 요리에 사용한다. 풍미가 사라지기 쉬워서 보관은 불가능하다. 필요할 때 만들어서 가능하면 빨리 모두 사용한다.

소스 푸아브라드 사용

캐러멜화한 모과와 셀러리악 퓌레를 곁들인
푸아브라드 소스의 사슴갈비

Côtellette de chevreuil d'Ezo poêlée avec sa sauce poivrade,
coing caramélisé et purée de céleri-rave

심플한 사슴갈비(뼈가 붙은 등심) 구이에 지비에 살코기가 특히 잘 어
울리는 푸아브라드 소스를 듬뿍 곁들인 사냥요리다운 요리. 사슴고
기는 버터를 넉넉히 끼얹어 뭉근히 구운 후 충분히 휴지시켜 부드럽
게 만든다. 곁들인 것은 정통 사냥요리에 어울리는 캐러멜화한 과일
과 셀러리악 퓌레. 새콤달콤한 과일이 사냥한 고기의 강렬한 풍미와
잘 맞으며, 부드러운 퓌레가 그 맛을 더욱 살린다. 모과는 마지막에
미뇨네트를 넣어 맛에 악센트를 준다. 셀러리악 퓌레는 버터, 생크
림, 우유를 넣어 부드럽게 마무리한다. 또한, 버터로 소테하여 오븐
에 구운 치폴리토(cipollotto, 이탈리아 대파)를 곁들인다. 접시에 소
스 푸아브라드를 듬뿍 담고 나머지 재료들을 올린다. 소스 푸아브라
드는 사슴고기 이외에 멧돼지나 쇠고기와도 잘 어울린다.

소스 그랑 브뇌르

sauce grand veneur

그랑 브뇌르 소스

소스 그랑 브뇌르는 대표적인 지비에 소스 중 하나이다. 농후한 소스에 새콤달콤한 커런트 젤리를 넣어 먹기 좋게 만든다. 신선한 돼지 피를 넣는 경우, 조금만 넣어도 깊은 맛이 난다.

재료_ 완성 후 약 300㏄

소스 푸아브라드(p.214) 400㏄

커런트 젤리* 30g

생크림 90㏄

버터 15g

소금 적당량

후추 적당량

＊커런트 젤리는 직접 만들어서 사용한다.
냄비에 커런트 250g, 물 300㏄, 설탕 5g을 넣고
뚜껑을 덮어 끓인다. 끓으면 불을 끄고
뚜껑을 덮어 10분간 둔다.
면보자기에 그대로 두고
국물을 걸러서 식힌다(분량은 만들기 좋은 양).

만드는 방법

01 냄비에 소스 푸아브라드를 넣고 약한불～중불로 끓인다. 끓으면 커런트 젤리와 생크림을 넣어 가볍게 졸인다.

02 버터로 몽테하여 시누아로 거르고, 소금과 후추로 간을 맞춘다.

＊신선한 돼지 피가 있으면 버터로 몽테하기 전에 30㏄ 정도 넣는다(부드럽게 만들려면 너무 오래 끓이지 않는다).

용도·보관 사슴고기나 산토끼 같은 사냥한 고기요리의 소스로 사용한다. 풍미가 금방 사라져서 보관은 불가능하다. 필요할 때 만들어서 빨리 모두 사용한다.

소스 슈브뢰유 오 카시스

sauce chevreuil au cassis

카시스 풍미의 사슴 소스

사슴고기를 퐁 드 슈브뢰유로 졸인 강렬한 맛의 소스. 사슴의 진한 풍미와 카시스(블랙 커런트)
가 잘 어울린다. 카시스 향과 신맛이 소스의 농후한 감칠맛을 산뜻하고 먹기 좋게 만든다.

재료_ 완성 후 약 300cc

사슴고기 힘줄과 자투리고기 500g

쇠고기 힘줄(스지) 250g

미르푸아

┌ 양파 50g

│ 당근 50g

│ 셀러리 15g

│ 에샬로트 40g

└ 양송이버섯 30g

카시스비네거* 100cc

레드와인 375cc

크렘 드 카시스* 75cc

퐁 드 슈브뢰유(p.45) 1ℓ

카시스 퓌레 15g

토마토 1개

부케가르니 1다발

블랙 미뇨네트 조금

버터 15g_ 몽테용

소금 적당량

버터 적당량_ 쉬에용

* 카시스비네거가 없으면 레드와인비네거를 대신 사용한다.
* 크렘 드 카시스는 카시스 리큐르.

만드는 방법

01 사슴고기 힘줄과 자투리고기, 쇠고기 힘줄은 3cm
크기로 토막 낸다. 양파, 당근, 셀러리, 에샬로트는 3mm
크기로 에맹세하고, 양송이버섯은 카르티에한다. 토마
토는 끓는 물에 넣었다 빼서 껍질을 벗기고 씨를 제거
하여 콩카세한다.

02 바닥이 두꺼운 프라이팬에 버터를 녹이고, 사슴고
기와 쇠고기 힘줄을 넣어 겉에 색이 나도록 굽는다. 체
에 밭쳐서 데그레세하여 다른 냄비에 담는다. 같은 프
라이팬에 버터를 넣고 미르푸아를 소테하여 옅은 갈색
으로 색을 낸 후 고기가 담겨 있는 냄비에 넣는다.

03 프라이팬을 데그레세하고, 카시스비네거로 데글라
세한다. 레드와인과 크렘 드 카시스 60cc를 넣어 알코
올을 날린 후 고기와 미르푸아가 들어 있는 냄비에 붓
고, 퐁 드 슈브뢰유와 카시스 퓌레도 넣어 끓인다.

04 끓으면 거품을 걷고 약한불로 줄인 후 토마토, 부
케가르니, 미뇨네트를 넣는다. 거품을 걷으면서 양을
1/4까지 졸인다.

05 고기와 미르푸아를 가볍게 으깨면서 시누아로 거
르고, 소금으로 간을 한 후 버터로 몽테한다. 마지막에
나머지 크렘 드 카시스를 넣고 살짝 끓여 향을 낸다.

용도·보관 사슴 로티르 등의 소스로 사용한다. 풍미
가 사라지기 쉬워 보관은 불가능하다. 필요할 때 만들
어서 빨리 모두 사용한다.

소스 리에브르 오 상

sauce lièvre au sang

산토끼 피를 넣은 소스

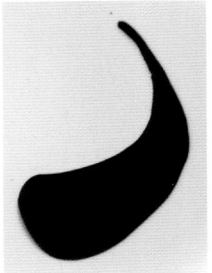

산토끼의 감칠맛이 농축된 소스. 토끼고기의 진한 맛과 어울리는 강렬한 레드와인, 세이지와 정향의 향을 더한 부케가르니를 사용하여 뒷맛을 아주 깔끔하게 만든다.

재료_ 완성 후 약 300cc

산토끼 뼈, 힘줄, 자투리고기   500g

미르푸아

- 양파   80g
- 당근   80g
- 에샬로트   50g
- 셀러리   20g
- 마늘   1쪽_ 껍질째

레드와인*   200cc

퐁 드 리에브르(p.48)   200cc

부케가르니*   1다발

굵은소금   적당량

버터   조금_ 몽테용

산토끼 피*   30~40cc

소금   적당량

후추   적당량

땅콩기름   적당량

＊프랑스 남서지방의 카오르(cahors)처럼
맛이 강렬하고 색도 농후한 것을 사용한다.

＊일반적인 부케가르니에 세이지와 정향을 더한다.

＊산토끼 피는 산토끼 부산물을 두드려서 짜낸 것.

만드는 방법

01 산토끼의 뼈, 힘줄, 자투리고기는 3cm 크기로 토막 낸다. 양파, 당근, 에샬로트, 셀러리는 각각 1cm 크기로 콩카세하고, 마늘은 살짝 으깬다.

02 냄비에 땅콩기름을 두르고 산토끼의 뼈, 힘줄, 자투리고기를 넣어 색이 나도록 굽는다. 중간에 미르푸아를 넣어 함께 색을 낸 후 체에 밭쳐서 데그레세한다.

03 02의 냄비에 레드와인을 부어 데글라세하고, 국물을 시누아로 거른다.

04 냄비에 02의 고기와 미르푸아, 03의 데글라세한 국물을 넣고 퐁 드 리에브르, 부케가르니, 굵은소금을 넣어 끓인다. 끓으면 거품을 걷고 약한불에서 양이 2/3가 되도록 졸인다. 중간중간 거품을 걷는다.

05 고기와 미르푸아를 가볍게 으깨면서 시누아로 거르고, 약간의 버터와 토끼 피를 넣어 섞는다.

06 가볍게 끓이고 불에서 내려 소금, 후추로 간을 맞춘 후 다시 시누아로 거른다.

용도·보관 산토끼를 사용한 대부분의 요리에 사용한다. 풍미가 사라지기 쉬워 보관은 불가능하며, 사용할 분량만 만들어서 빨리 모두 사용한다.

소스 리에브르 오 상 사용

피를 넣은 사과 풍미의 소스와
산토끼등심 로티르

Rôti de râble de liévre à la pomme,
avec sa sauce au sang

산토끼의 대표적 요리인 시베(civet, 사냥한 고기류의 조림을 의미. 레
드와인을 베이스로 하여 미르푸아 등을 넣어 졸이고, 마지막에 피를 넣
는다)와 리에브르 아 라 루아얄(lièvre à la royale, 산토끼를 통째로 레
드와인과 미르푸아로 마리네한 후 뱃속에 수컷 생식기를 넣고 마리네 국
물, 레드와인, 퐁 드 리에브르로 조린 요리)을 이미지화하여 만든 요
리. 토끼의 등심과 필레는 땅콩기름과 버터로 구워서 충분히 휴지시
킨 후 자른다. 소스 리에브르 오 상은 피를 붓기 전에 사과잼을 넣어
농후하면서도 단맛과 부드러움이 느껴지게 만든다. 곁들인 것은 사
과콩포트를 프라이팬에 구운 것과 사과잼, 사과칩. 뿔나팔버섯을 버
터에 소테하여 생크림으로 가볍게 끓인 것을 곁들여 무거운 느낌을
줄였다.

SAUCES CLASSIQUES

클래식 소스

소스 베샤멜

sauce béchamel

베샤멜 소스

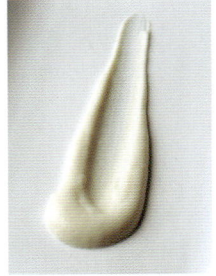

그라탱이나 모르네이 등을 만들 때 베이스로 빠지지 않는, 화이트 루를 우유로 묽게 만든 소스이다. 타지 않도록 주의하면서 충분히 끓여 물기를 완전히 날리는 것이 포인트이다.

재료_ 완성 후 약 300cc

버터 35g
박력분 35g
우유 400cc
월계수잎 1/2장

정향 1개
소금 적당량
후추 적당량

01 냄비를 불에 올려 버터를 녹이고, 버터가 녹으면 체에 쳐둔 박력분을 한번에 넣는다.

02 약한불로 줄이고, 나무주걱으로 힘있게 고루 잘 섞는다. 타지 않도록 수시로 냄비를 불에서 내리면서 섞는다.

03 물기가 없고 매끄러워지면 얼음에 올려서 한 김 식히는데, 부드러운 상태가 되도록 계속 젓는다.

04 나무주걱을 거품기로 바꾸고, 따뜻하게 데운 우유를 조금씩 넣으면서 섞는다.

05 냄비를 다시 불에 올리고 월계수잎과 정향을 넣어 끓을 때까지 거품기로 잘 저어 섞는다.

06 끓으면 약한불로 줄이고, 다시 나무주걱으로 바꾸어 잘 섞으면서 뭉근히 끓여 물기를 날린다. 냄비 벽에 붙은 소스는 수시로 긁어내고 소금, 후추로 간을 맞춘다.

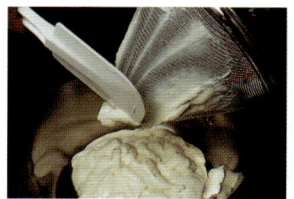

07 뜨거울 때 구멍이 작은 고운 시누 아로 거르고, 밑부분에 붙어 있는 소스 도 꼼꼼히 긁어낸다.

08 트레이에 담아 표면을 평평하게 정 리하고, 바닥에 탁탁 쳐서 안에 있는 공 기를 뺀다.

09 마르지 않도록 표면에 버터를 바른 다. 차게 식힌 후 필요한 양만 꺼내서 사 용한다. 냉장하면 2~3일 보관 가능.

소스 베샤멜 사용

새우 마카로니
버섯 그라탱

Gratin de crevette et de macaroni aux champignons

소스 베샤멜의 가장 기본적인 사용 방법이 그라탱이다. 재료와 함께 끓여서 오븐에 구워 잘 어우러지게 만든다. 만드는 방법은, 양파와 양송이버섯을 버터로 쉬에하고, 따로 리졸레한 홍다리얼룩새우를 넣는 다. 여기에 삶은 마카로니와 베샤멜 소스를 듬뿍 넣고, 우유와 생크림을 넣어 고루 섞은 후 소금과 후추 로 간을 맞춘다. 버터를 얇게 바른 그라탱 용기에 담고, 그뤼에르치즈를 뿌려서 오븐에 넣어 노릇하게 굽는다. 마지막에 파슬리와 바닷가재 알을 뿌려서 완성한다. 홍다리얼룩새우는 보리새웃과로 학명은 페나이우스 세미술카투스(*Penaeus semisulcatus*), 영어이름은 그린 타이거 프론(Green tiger prawn)이다.

소스 모르네이

sauce Mornay

모르네이 소스

소스 베샤멜에 달걀노른자와 그뤼에르치즈를 갈아 넣은 소스. 그라탱 등 이 소스를 뿌려서 그라
티네하는 요리에 사용한다.

재료_ 완성 후 약 300cc

소스 베샤멜

- 버터 60g
- 강력분 60g
- 우유 400cc

달걀노른자 1개

그뤼에르치즈 30g

넛멕 조금

버터 조금

소금 적당량

후추 적당량

만드는 방법

01 강력분은 체로 치고, 그뤼에르치즈는 갈아둔다.

02 버터, 강력분, 우유로 p.222의 방법대로 소스 베
샤멜을 만든다.

03 02의 소스 베샤멜을 불에 올려 보글보글 3~5분 끓
인 후 불에서 내리고, 풀어둔 달걀노른자와 그뤼에르치
즈를 넣어 거품기로 잘 섞는다.

04 넛멕과 버터로 풍미를 더하고, 소금과 후추로 간을
맞춘 후 시누아로 거른다.

용도·보관 어패류, 채소, 포치드에그(수란) 등으로 만
드는 그라탱에 사용한다. 달걀노른자가 들어가서 보
관은 불가능하다. 필요할 때 만들어서 빨리 모두 사용
한다.

소스 낭투아

sauce Nantua

낭투아 소스

낭투아는 부르고뉴지방의 마을이다. 이 이름이 붙은 요리에는 가재를 사용하는데, 뵈르 데크르비스(가재 버터)를 넣어 갑각류의 풍미와 색을 더한다.

재료_ 완성 후 약 300cc
소스 베샤멜
- 버터 20g
- 강력분 20g
- 우유 500cc
생크림 180cc
뵈르 데크르비스(p.160) 60g
레몬즙 조금
소금 적당량
후추 적당량

만드는 방법

01 버터, 강력분, 우유로 p.222의 방법대로 소스 베샤멜을 만든다.

02 **01**의 소스 베샤멜에 생크림 120cc를 넣고 섞으면서 양을 1/3로 졸이고, 뜨거울 때 구멍이 작은 고운 시누아로 거른다. 나머지 생크림을 넣고 거품기로 섞는다.

03 다시 불에 올리고, 뵈르 데크르비스를 넣어 몽테한다. 소금, 후추로 간을 맞추고 레몬즙을 넣어 마무리한다.

용도·보관 가재로 만든 요리의 소스로 사용한다. 풍미가 사라지기 쉬워 보관은 불가능하다. 필요할 때 만들어서 빨리 모두 사용한다.

소스 수비즈
sauce Soubise

수비즈 소스

볶은 양파에 소스 베샤멜을 넣은 것이 「수비즈」. 흰빛을 유지하기 위해, 양파는 단맛이 잘 나게 한 번 데쳐서 쉬에한다.

재료_ 완성 후 약 300㏄
양파 250g
소스 베샤멜(p.222) 250g
생크림 50㏄
버터 40g_ 몽테용
소금 조금
흰 통후추 조금
그래뉴당 조금
버터 적당량_ 쉬에용

만드는 방법

01 양파는 1㎜ 두께로 에맹세한다.

02 양파를 미리 데쳐서 물기를 잘 짜고, 냄비에 버터를 둘러 색이 나지 않게 쉬에한다.

03 **02**의 양파에 소스 베샤멜, 소금, 통후추, 그래뉴당을 넣어 섞고, 180℃ 오븐에 넣어 걸쭉하게 끓인다(가스레인지인 경우, 약한불에서 타지 않도록 계속 젓는다).

04 시누아로 거르고, 생크림과 버터를 넣어 잘 섞는다.

용도·보관 포치드에그(수란), 반숙달걀, 코코트(cocotte, 내열성 냄비) 구이 등의 달걀요리에 사용한다. 밀폐하여 냉장하면 2일간 보관 가능.

소스 카르디날

sauce Cardinal

카르디날풍 소스

「카르디날」은 가톨릭 추기경을 의미한다. 추기경의 옷색 때문에 바닷가재로 만든 붉은색 요리에 이런 이름을 붙인다. 이것은 바닷가재 알과 새우로 색을 낸 소스로 부드러운 맛이다.

재료_ 완성 후 약 300cc
퓌메 드 푸아송(p.58) 25cc
쥐 드 트뤼프 25cc_ 시판 제품
소스 베샤멜(p.222) 250cc
생크림 50cc
뵈르 드 오마르* 35g
카옌페퍼 조금

*바닷가재의 알과 내장을 합쳐 20g을
푸드커터 또는 고운체로 으깨서
같은 양의 버터를 섞은 후 체에 거른 것.

만드는 방법

01 냄비에 퓌메 드 푸아송, 쥐 드 트뤼프를 넣고 약한 불로 끓여 양을 1/4로 졸인다.

02 소스 베샤멜을 끓여서 **01**과 생크림을 넣고 잘 섞는다.

03 냄비를 불에서 내려 뵈르 드 오마르를 넣어 섞고, 마지막에 카옌페퍼를 넣어 섞는다.

용도·보관 광어, 농어, 바닷가재, 닭새우 등의 포셰나 크넬의 소스로 사용한다. 풍미가 사라지기 쉬워 보관은 불가능하다. 필요할 때 만들어서 빨리 모두 사용한다.

소스 오 쉬트르

sauce aux huîtres

굴 크림소스

밀가루와 버터를 볶은 루로 만드는 부드러운 식감의 크림소스. 여기에 포셰한 굴을 넣어 생선 소스로 사용한다. 추억 속 양식의 맛으로 모두가 좋아한다.

재료_ 완성 후 약 300cc

굴 18개

쿠르부용(p.57) 적당량

버터 30g

박력분 20g

생크림 150cc

우유 150cc

소금 적당량

카엔페퍼 조금

만드는 방법

01 굴은 껍데기를 벗겨서 쿠르부용으로 포셰해둔다.

02 냄비에 버터를 녹이고, 체에 친 박력분을 넣어 가루 느낌이 없을 때까지 약한불로 뭉근하게 볶은 후, 냄비를 얼음에 올려서 식힌다.

03 02에 생크림과 우유를 넣고 끓인다. 끓으면 소금을 넣고 약한불로 줄인 후 나무주걱으로 섞으면서 10분간 졸인다.

04 시누아로 거른 후 카엔페퍼를 넣어 섞는다. 01의 굴을 물기를 빼서 넣고 조금 데운다.

용도·보관 모든 생선 포셰에 사용한다. 변질되기 쉬워 보관은 불가능하며, 필요할 때 만들어서 빨리 모두 사용한다.

블루테

veloté

블루테

송아지, 닭, 생선의 하얀 육수에 루로 농도를 낸 벨벳같이 부드러운 소스. 색이 나지 않게 하면서 가루 느낌이 없도록 충분히 볶아 가벼운 느낌을 준다.

재료 _ 완성 후 약 300cc

뵈르 클라리피에* 30g

박력분 30g

퐁 블랑 드 보(p.38) 400cc

생크림 10cc

소금 적당량

* 뵈르 클라리피에(beurre clarifie)는 정제 버터를 말한다.
* 퐁 블랑 드 보는 퐁 블랑 드 볼라유(p.39)나
퓌메 드 푸아송(p.58) 등 다른 하얀 육수를
대신 사용할 수 있다.

만드는 방법

01 냄비에 뵈르 클라리피에를 넣고 약한불로 끓인다.
체에 친 박력분을 넣고 나무주걱으로 섞으면서 색이 나
지 않도록 볶는다. 가루 느낌이 없을 때까지 볶고, 냄비
를 얼음에 올려 식힌다.

02 퐁 블랑 드 보를 끓이면서 **01**을 조금씩 넣어 덩어
리가 생기지 않도록 거품기로 섞는다. 모두 넣으면 가
끔씩 저어 섞으면서 끓인다.

03 불을 끄기 직전에 생크림을 넣어 고루 섞고, 시누
아로 걸러서 소금으로 간을 맞춘다.

용도·보관 닭이나 송아지 프리카세, 각종 소스의 베
이스로 사용한다. 냉장하면 3일 정도 보관 가능.

소스 노르망드

sauce Normande

노르망디 소스

블루테에 생선, 양송이버섯, 달걀노른자, 크림을 넣은 크리미한 소스. 농후하지만 사바용이 연상되는 가벼운 식감으로 어떤 요리와도 잘 어울린다.

재료_ 완성 후 약 300cc
블루테(p.229)* 250cc
퐁 드 샹피뇽(p.54) 35cc
퓌메 드 푸아송(p.58)* 70cc
홍합 육수* 35cc
레몬즙 적당량
달걀노른자 1개
생크림 70cc
버터 40g
더블크림 35cc
소금 적당량
후추 적당량

만드는 방법

01 냄비에 블루테, 퐁 드 샹피뇽, 퓌메 드 푸아송, 홍합 육수, 레몬즙을 넣어 잘 섞는다.

02 **01**을 중불로 끓이고, 생크림과 함께 풀어둔 달걀 노른자를 섞어 넣는다. 약한불로 줄여서 양을 1/3로 졸인다.

03 시누아로 거른 후 버터와 더블크림을 넣는다. 소금, 후추로 간을 맞추고, 불에 올려서 살짝 데운다.

용도·보관 혀가자미 포셰를 비롯하여 혀가자미나 흰 살생선으로 만든 요리의 소스로 사용한다. 달걀노른자 를 사용하여 보관은 불가능하다. 필요할 때 만들어서 빨리 모두 사용한다.

*블루테는 퓌메 드 푸아송으로 만든 것을 사용한다.
*에스코피에(Escoffier)의《요리 입문서(Le guide culinaire)》 에서는 퓌메 드 푸아송이 「혀가자미로 만든 것」이라고 되어 있는데, 여기서는 p.58의 퓌메 드 푸아송을 사용한다.
*홍합 육수는 홍합을 화이트와인과 퓌메 드 푸아송, 또는 화이트와인만으로 찐 육수를 사용한다.

소스 쉬프렘

sauce suprême

슈프림 소스

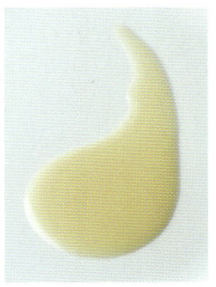

「쉬프렘」은 가금류의 가슴살을 의미한다. 지방이 적은 고기를 촉촉하게 먹기 위한 화이트소스로, 닭고기와 버섯의 감칠맛을 듬뿍 담는다. 마지막에 쥐 드 트뤼프를 넣어도 좋다.

재료_ 완성 후 약 300cc

블루테(p.229)* 300cc

퐁 드 볼라유(p.32) 300cc

퐁 드 상피뇽(p.54) 30cc

생크림 60cc

버터 25g

소금 적당량

후추 적당량

*블루테는 퐁 드 볼라유로 만든 것을 사용한다.

만드는 방법

01 냄비에 블루테, 퐁 드 볼라유, 퐁 드 상피뇽을 넣고 섞으면서 중불에 끓인다.

02 끓으면 생크림을 조금씩 넣으면서 계속 젓고, 약한 불로 양이 1/3이 될 때까지 졸인다.

03 시누아로 거르고, 버터를 넣어 몽테한 후 다시 끓여서 소금, 후추로 간을 맞춘다.

용도·보관 닭고기 포셰나 크넬의 소스로 사용한다. 버터로 몽테하기 전이라면 밀폐하여 3일간 냉장보관이 가능하다. 버터를 넣은 것은 만든 날 모두 사용해야 한다.

소스 알부페라

sauce Albuféra

알부페라 소스

마지막에 넣은 붉은피망 혼합 버터의 향이 식욕을 돋우는 소스이다. 이 소스를 사용한 정통요리
로는 쌀, 푸아그라, 트러플을 넣은 닭고기 포셰가 있다.

재료_ 완성 후 약 300cc
소스 쉬프렘(p.231)　250cc
글라스 드 비앙드(p.33)　50cc
뵈르 드 피망*　12g

*붉은피망 10g을 물(또는 퐁 드 볼라유)에 삶아서 식힌 후,
버터 25g과 함께 푸드프로세서로 갈아서 고운체에 거른 것.

만드는 방법
01 소스 쉬프렘을 끓여서 글라스 드 비앙드를 넣고 섞
는다. 마지막에 뵈르 드 피망을 넣어 섞는다.
용도·보관 닭고기 포셰나 브레제의 소스로 사용한다.
풍미가 사라지기 쉬워 보관은 불가능하다. 필요할 때
만들어서 빨리 사용한다.

소스 아메리케느

sauce Américaine

아메리칸 소스

바닷가재로 만드는 대표적 어패류 소스로, 바닷가재의 진한 감칠맛이 특징. 에스코피에(Escoffier)의 레시피에서는 뵈르 마니에로 소스를 마무리하지만, 버터와 코라유(내장)로 마무리해도 좋다.

재료 _ 완성 후 약 300cc

바닷가재 1kg _ 껍데기째

미르푸아

- 양파 100g
- 당근 100g
- 셀러리 30g
- 파 40g
- 양송이버섯 30g
- 마늘 1/2쪽 _ 껍질째

코냑 조금

화이트와인 150cc

퓌메 드 푸아송(p.58) 1.8ℓ

토마토 1개

토마토페이스트 조금

부케가르니 1다발

화이트 미뇨네트 조금

카엔페퍼 아주 조금

굵은소금 조금

코라유를 넣은 뵈르 마니에* 70g

올리브오일 적당량

* 포마드 상태로 부드럽게 만든 버터 30g에 박력분 30g, 바닷가재의 코라유(내장) 10g을 넣어 섞은 것.

만드는 방법

01 바닷가재는 껍데기째 3㎝ 크기로 토막 내고, 머리를 세로로 2등분하여 불순물을 제거한다. 양파, 당근, 셀러리, 파는 1㎝ 크기 주사위모양으로 데(dé)하고, 양송이버섯은 카르티에한다, 마늘은 껍질째 살짝 으깬다. 토마토는 끓는 물에 넣었다 빼서 껍질과 씨를 제거하고 콩카세한다.

02 냄비에 올리브오일을 두르고, 바닷가재를 약한불로 볶는다. 색이 붉어지면 체에 밭쳐서 데그레세하고, 같은 냄비에 미르푸아를 넣어 볶는다.

03 미르푸아에 색이 고루 나면 볶아둔 바닷가재를 넣어 코냑으로 플랑베한 후, 화이트와인을 넣고 알코올을 날린다. 퓌메 드 푸아송을 붓고, 끓으면 거품을 걷는다. 약한불로 줄인 후 토마토, 토마토페이스트, 부케가르니, 미뇨네트, 카엔페퍼, 굵은소금을 넣고, 거품을 걷으면서 미조테 상태로 30분 졸인다.

04 바닷가재와 채소를 가볍게 으깨면서 시누아로 거른 후, 코라유를 넣은 뵈르 마니에로 몽테한다. 불에 올려서 소금, 후추로 간을 맞추고 시누아로 거른다.

용도·보관 바닷가재를 비롯한 갑각류요리에 사용한다. 코라유(내장)로 소스를 만들어 보관이 불가능하므로 필요할 때 만들어서 빨리 사용한다. 뵈르 마니에로 몽테하기 전이라면 2~3일 냉장보관 가능.

소스 오리앙탈

sauce Orientale

오리엔탈 소스

갑각류와 잘 어울리는 카레가루를 넣은, 소스 아메리케느를 응용한 소스이다. 자극적인 향신료가 아메리케느의 농후함을 덜어준다. 생크림을 넣어 부드럽게 완성한다.

재료_ 완성 후 약 300㏄
소스 아메리케느(p.233) 340㏄
카레가루 2g
생크림 100㏄

만드는 방법

01 냄비에 소스 아메리케느를 넣고 끓인다. 끓으면 카레가루를 넣어 잘 섞고, 약한불로 줄여서 양이 2/3가 될 때까지 졸인다.

02 불에서 내려 생크림을 넣어 잘 섞고, 다시 한소끔 끓인다.

용도·보관 바닷가재 로티르 또는 흰살생선 그리예의 소스로 사용한다. 카레의 풍미가 사라지기 쉬우므로 보관하지 않는다. 필요할 때마다 만들어서 가능하면 빨리 사용한다.

소스 뉴버그(오마르)

sauce New-burg avec homard cru

바닷가재를 넣은 뉴버그 소스

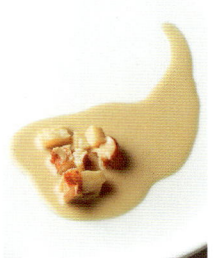

「뉴버그」란 이 소스를 처음 만든 레스토랑이 있던 도시 이름이다. 소스 아메리케느를 응용한 소스로 바닷가재의 살을 넣는다. 부드럽지만 진한 감칠맛이 있는 소스이다.

재료_ 완성 후 약 300cc

바닷가재 800g_ 껍데기째

코냑 30cc

마데이라 또는 마르살라 200cc

생크림 200cc

퓌메 드 푸아송(p.58) 200cc

카옌페퍼 적당량

소금 적당량

후추 적당량

버터 30g_ 내장과 섞을 것

버터 40g_ 쉬에용

올리브오일 4큰술

만드는 방법

01 바닷가재를 껍데기째 토막 낸다. 내장을 꺼내서 버터와 함께 푸드프로세서로 갈아 고운체에 거르고, 살은 소금과 카옌페퍼를 뿌려둔다.

02 냄비에 버터와 올리브오일을 두르고, 토막 낸 바닷가재를 넣어 중불로 볶는다. 껍데기가 붉어지면 체에 밭쳐서 데그레세하고, 바닷가재는 따로 꺼내둔다. 냄비를 코냑으로 플랑베하고, 마데이라를 넣어 양이 1/3이 되게 졸인다.

03 생크림과 퓌메 드 푸아송을 넣고 약한불로 뭉근하게 졸인다. 불을 끄기 직전에 바닷가재를 다시 넣어 80~90%만 익힌다. 바닷가재를 꺼내 껍데기를 벗기고 1.5cm 크기 주사위모양으로 데(dé)한다.

04 03의 국물에 01의 내장과 버터를 넣고 한소끔 끓여 내장을 완전히 익힌다. 시누아로 거르고, 냄비에 잘라둔 바닷가재를 다시 넣어 소금, 후추로 간을 맞춘다.

용도 · 보관 바닷가재나 혀가자미를 비롯하여 여러 갑각류와 생선의 소스로 사용한다. 내장을 사용하기 때문에 보관은 불가능하다. 필요할 때 만들어서 빨리 모두 사용한다.

소스 에스파뇰

sauce Espagnole

에스파뇰 소스

갈색 육수와 루에 미르푸아와 토마토를 넣어 졸인 기본 갈색 소스로 여기에서 많은 소스들이 파생되었다. 직접 만들 기회는 적겠지만 셰프로서 알아두어야 한다.

재료_ 완성 후 약 300cc

강력분　10g

라드[＊]　10g

폰 드 보(p.28)　500cc

폰 드 볼라유(p.32)　100cc

쇠고기 사태　120g

베이컨　20g

미르푸아

┌ 양파　20g

│ 당근　20g

│ 양송이버섯　2개

└ 마늘　1쪽_ 껍질째

토마토　1/2개

토마토페이스트　8g

부케가르니　1다발

소금　조금

후추　조금

식용유　조금

＊라드 대신 식용유 등을 사용해도 된다.

만드는 방법

01 쇠고기 사태를 주먹크기로 토막 낸다. 베이컨, 양파, 당근은 1.5㎝ 크기 주사위모양으로 데(dé)하고, 양송이버섯은 카르티에한다. 마늘은 살짝 으깨고, 토마토는 씨를 제거하고 콩카세한다.

02 라드를 냄비에 넣어 녹이고, 체에 친 강력분을 한번에 넣어 타지 않고 갈색이 나도록 뭉근히 볶아 갈색 루를 만든다.

03 폰 드 보와 폰 드 볼라유를 조금 따뜻하게 데워서 02에 넣고 잘 섞는다.

04 프라이팬에 식용유를 두르고, 쇠고기 사태를 넣어 겉면을 굽는다. 색이 나면 베이컨과 미르푸아를 넣어 전체적으로 색을 내고 데그레세한다.

05 데그레세한 04를 03에 넣고, 토마토와 토마토페이스트도 넣어 한소끔 끓인다. 거품을 걷고 약한불로 줄인 후 부케가르니를 넣어 미조테 상태로 약 2시간 끓이는데, 중간중간 거품을 걷는다.

06 쇠고기와 미르푸아를 가볍게 으깨면서 시누아로 거르고, 소금과 후추로 간을 맞춘다.

용도·보관　육류 조림이나 모든 고기류에 사용하는 소스의 베이스로 사용한다. 진공포장하면 3일간 냉장보관 가능.

소스 피캉트

sauce piquante

피컨트 소스

「피캉트(piquante)」란 알싸한 자극적인 맛을 나타내는 말이다. 에샬로트, 화이트와인, 비네거를 함께 조린 신맛과, 마지막에 넣은 코르니숑과 허브의 상큼한 맛을 가진 소스이다.

재료_ 완성 후 약 300cc

에샬로트 120g

화이트와인 180cc

화이트와인비네거 180cc

소스 에스파뇰(p.236) 360cc

코르니숑* 2g

이탈리안파슬리 1g

타라곤 1g

처빌 1g

소금 적당량

후추 적당량

* 오이초절임(피클)

만드는 방법

01 에샬로트는 2mm 크기로 아셰한다. 코르니숑, 이탈리안파슬리, 타라곤, 처빌 잎도 아셰한다.

02 냄비에 에샬로트, 화이트와인, 화이트와인비네거를 넣고 끓여 반으로 졸인다.

03 소스 에스파뇰을 넣고 다시 반이 되게 졸인다. 에샬로트를 가볍게 으깨면서 시누아로 거른다.

04 코르니숑과 이탈리안파슬리, 타라곤, 처빌 등의 허브를 넣고, 소금과 후추로 간을 맞춘다.

용도·보관 돼지고기와 쇠고기 파네(paner, 빵가루를 뿌려 굽는 요리) 또는 그리예의 소스로 사용한다. 풍미가 사라지기 쉬워 보관은 불가능하다. 필요할 때 만들어서 빨리 사용한다.

소스 드미글라스

sauce demi-glace

데미글라스 소스

퐁과 마데이라를 넣어 소스 에스파뇰을 고급스럽게 만들었다. 예전부터 프렌치요리의 주류였던 데미글라스를 이제는 식감이 무겁다고 멀리하는데, 양식 메뉴에서는 빼놓을 수 없는 소스이다.

재료_ 완성 후 약 300cc
양송이버섯 60g
마데이라 50cc
소스 에스파뇰(p.236) 450cc
퐁 드 보(p.28) 300cc
퐁 드 볼라유(p.32) 80cc
셰리비네거 10cc
소금 적당량
후추 적당량
버터 적당량

만드는 방법

01 양송이버섯을 2~3mm 두께로 에맹세한다.

02 냄비에 버터를 두르고 양송이버섯을 넣어 쉬에한다. 마데이라를 40cc만 넣고, 물기가 없어질 때까지 졸인다.

03 소스 에스파뇰, 퐁 드 보, 퐁 드 볼라유를 넣고 약한 불에서 양을 1/3로 졸인다.

04 마지막에 나머지 마데이라 10cc와 셰리비네거를 넣고 소금, 후추로 간을 맞춘 후, 양송이버섯을 으깨면서 시누아로 거른다.

용도 · 보관 닭고기, 송아지, 돼지고기 요리 소스의 베이스로 사용한다. 소스 에스파뇰은 보관할 수 있지만, 데미글라스 소스로 만든 것은 보관할 수 없으므로 가능하면 빨리 사용한다.

소스 리오네즈

sauce Lyonnaise

리오네즈 소스

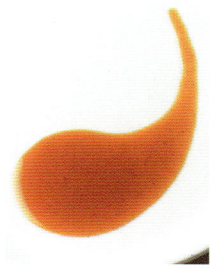

「리오네즈」는 뭉근히 볶은 양파를 사용한 것에 쓰는 표현이다. 풍부한 양파의 단맛을 화이트와인과 화이트와인비네거로 잡아준 새콤달콤한 맛의 소스 드미글라스이다.

재료_ 완성 후 약 300cc

양파 280g

화이트와인 90cc

화이트와인비네거 90cc

소스 드미글라스(p.238) 340cc

버터 적당량

만드는 방법

01 양파를 아셰하여 버터를 녹인 냄비에 넣고, 옅은 갈색이 되도록 약한불로 뭉근하게 볶는다.

02 화이트와인과 화이트와인비네거를 넣고 양을 2/3로 졸인다. 소스 드미글라스를 넣고 거품을 걷으면서 약한불로 5~6분 졸인다.

03 양파를 가볍게 으깨면서 구멍이 작은 고운 시누아로 거른다.

용도·보관 닭고기나 쇠고기 소테 또는 푸알레의 소스로 사용한다. 필요할 때 만들어서 빨리 사용한다.

소스 디아블

sauce Diable

디아블 소스

에스코피에(Escoffier)의 방식으로 만든 얼얼한 매운맛 소스. 에샬로트와 고춧가루를 볶아서 매운맛을 내고, 퐁 등으로 졸여서 시누아로 거르면 더욱 강렬한 맛이다.

재료_ 완성 후 약 300cc

에샬로트 150g

화이트와인 360cc

소스 드미글라스(p.238) 240cc

카옌페퍼* 적당량

소금 적당량

후추 적당량

＊카옌페퍼의 양은 취향에 따라 넣는다.
알싸하고 자극적인 맛이지만 맛있어서
조금 많이 넣는 것이 좋다.

만드는 방법

01 에샬로트는 2㎜ 크기로 아셰한다. 냄비에 에샬로트와 화이트와인을 넣고 약한불~중불로 끓여 양을 1/3까지 졸인다.

02 소스 드미글라스를 넣어 가볍게 졸인다.

03 카옌페퍼, 소금, 후추를 넣어 간을 맞춘다.

＊ 에스코피에의 《요리 입문서(Le guide culinaire)》에서는 거르지 않지만, 부드럽게 만들고 싶다면 시누아로 거른다.

용도·보관 닭고기, 송아지, 돼지고기를 비롯하여 조류 지비에 등 다양한 고기요리의 소스로 사용한다. 진공포장하여 냉장하면 3일간 보관 가능.

소스 로베르

sauce Robert

로베르 소스

머스터드나 화이트와인비네거로 신맛을 더하는 것이 특징. 머스터드는 풍미가 사라지기 쉬우므로 반드시 불을 끄고 넣는다. 돼지고기요리에 잘 어울리는 소스이다.

재료_ 완성 후 약 300cc
양파 180g
화이트와인 120cc
소스 드미글라스(p.238) 180cc
그래뉴당 조금
머스터드 10g
소금 적당량
후추 적당량
버터 적당량

만드는 방법

01 양파를 아셰하여 버터를 두른 냄비에 넣고 뭉근하게 쉬에한다.

02 화이트와인을 부어 약한불에서 양이 2/3가 될 때까지 졸이고, 소스 드미글라스를 넣어 그대로 10분 끓인다.

03 양파를 가볍게 으깨면서 시누아로 거르고, 냄비를 불에서 내려 소금과 후추로 간을 맞춘다. 마지막에 그래뉴당과 머스터드를 넣는데, 머스터드의 풍미를 살리기 위해 머스터드를 넣으면 더 이상 가열하지 않는다.

용도·보관 돼지고기 그리예의 소스로 사용한다. 머스터드의 풍미가 사라지기 쉬워 보관은 불가능하다. 필요할 때 만들어서 빨리 사용한다.

소스 샤쇠르

sauce chasseur

샤슈르 소스

소스 드미글라스에 양송이버섯을 넣은 소스. 화이트와인과 소스 토마트가 들어간 익숙한 맛으로, 마지막에 허브를 넣어 깔끔하게 만든다.

재료_ 완성 후 약 300㏄

양송이버섯 60g

에샬로트 15g

화이트와인 120㏄

소스 토마트(p.258) 120㏄

소스 드미글라스(p.238) 80㏄

버터 60g_ 몽테용

소금 적당량

후추 적당량

버터 적당량_ 쉬에용

처빌 1g

타라곤 1g

만드는 방법

01 양송이버섯은 3~4㎜ 두께로 에맹세한다. 에샬로트는 아셰하고, 처빌과 타라곤은 시즐레한다.

02 냄비에 버터를 둘러 양송이버섯을 쉬에하고, 에샬로트를 넣어서 좀 더 쉬에한다.

03 화이트와인을 붓고 중불로 반 정도 되게 졸이고, 소스 토마트와 소스 드미글라스를 넣어 약한불로 살짝 졸인다.

04 소금, 후추를 넣고 버터로 몽테한 후, 마지막에 시즐레한 처빌과 타라곤을 넣는다.

용도·보관 닭고기, 송아지, 돼지고기 소테를 비롯해 모든 고기류의 소스로 사용한다. 풍미가 사라져서 보관은 불가능하다. 필요할 때 만들어서 빨리 사용한다.

소스 페리괴

sauce Périgueux

페리괴 소스

페리괴지방의 특산물인 트러플을 듬뿍 넣어 만든 소스. 손이 많이 가는 그랑 퀴진(grand cuisine, 고급요리)에 주로 사용한다. 소스 드미글라스를 사용하여 젤라틴이 풍부한 농후한 맛이다.

재료_ 완성 후 약 300cc

소스 드미글라스(p.238*) 250cc

쥐 드 트뤼프 50cc_ 시판 제품

트러플 35g

*소스 드미글라스는 미리 조금 졸여서 맛과 농도를
진하게 농축시킨다.

만드는 방법

01 소스 드미글라스를 따뜻하게 데운다.

02 쥐 드 트뤼프와 아셰한 트러플을 넣어서 살짝만 끓
인다.

용도·보관 육류 탱발(timbale, 틀 또는 틀에 넣어 구운
요리)이나 파이로 싸서 굽는 요리 등의 소스로 사용한
다. 트러플의 풍미가 사라지기 쉬워 보관이 불가능하
다. 필요할 때 만들어서 빨리 사용한다.

소스 샤토브리앙

sauce Chateaubriand

샤토브리앙 소스

본래는 소스 드미글라스 같은 농후한 소스와 화이트와인을 섞은 소스를 말하지만, 쥐 드 보를 사용하여 가볍게 만들었다. 마지막에 타라곤을 넣어 상큼하다.

재료_ 완성 후 약 300cc

화이트와인 240cc

에샬로트 100g

양송이버섯* 25g

타임 1개

월계수잎 1/2장

쥐 드 보(p.69) 240cc

메트르도텔 버터(maitre d'hotel butter)* 150g

소금 적당량

후추 적당량

타라곤 2g

* 양송이버섯은 사용하고 남은 밑동을 사용한다.
* 메트르도텔 버터는 포마드 상태의 버터 150g에
아셰한 파슬리 3g, 소금 5g, 후추 조금, 레몬즙 1/6개 분량을
넣어 섞은 것.

만드는 방법

01 에샬로트와 타라곤을 아셰한다.

02 냄비에 화이트와인, 에샬로트, 양송이버섯, 타임, 월계수잎을 넣고 약한불로 끓여서 양을 2/3까지 졸인다.

03 쥐 드 보를 넣고 졸여서 시누아로 거른다.

04 메트르도텔 버터를 넣어 몽테하고, 소금과 후추로 간을 맞춘 후 타라곤을 넣는다.

용도·보관 멧돼지 등의 지비에 종류나 쇠고기 그리예에 사용한다. 풍미가 사라지기 쉬워 보관은 불가능하며, 필요할 때 만들어서 빨리 사용한다.

VARIATIONS

그 밖의 소스

소스 샹티이

sauce Chantilly

샹티이 소스

휘핑한 생크림 소스는 깊은 맛과 새하얀 색이 특징이다. 소금과 레몬을 넣어 생크림의 깊은 맛을 살린다. 올리브오일 대신 마요네즈를 넣으면 잘 분리되지 않는다.

재료_ 완성 후 약 300cc

생크림   290cc_ 유지방 47%

E.V.올리브오일   10cc

레몬즙   조금

소금   적당량

후추   적당량

만드는 방법

01 볼에 소금, 후추, 생크림을 넣어 70% 거품을 낸다 (거품기로 크림을 들어올렸을 때 끝이 조금 많이 구부러지는 정도).

02 E.V.올리브오일과 레몬즙을 한 번에 넣어 섞는다. 이때 레몬즙을 넣고 너무 섞으면 분리되기 쉬우므로 주의한다.

＊마지막에 아셰한 처빌이나 타라곤, 토마토, 트러플, 강판에 간 레몬껍질 등을 넣는 등 다양하게 응용할 수 있다.

용도·보관 꼬투리완두나 아티초크 등으로 만든 심플한 샐러드에 사용한다. 크림의 폭신한 식감이 특징이므로 필요할 때 만들어서 바로 사용한다.

소스 에그레트

sauce aigrette

에그레트 소스

「에그레트」는 신맛이 있다는 의미. 생크림과 요구르트를 섞은 베이스에 허브나 케이퍼 등을 넣어 상쾌한 맛을 더하였다. 어패류나 채소로 만든 요리에 사용한다.

재료_ 완성 후 약 300cc

생크림   160cc_ 유지방 47%

요구르트   70cc_ 플레인

토마토케첩   12g

타라곤   2g

차이브   2g

케이퍼   12g

코르니숑* 12g

레몬즙   15cc

코냑   15cc

타바스코   조금

소금   적당량

후추   적당량

＊오이초절임(피클)

만드는 방법

01 타라곤, 케이퍼, 코르니숑은 아셰하고, 차이브는 시즐레한다.

02 생크림은 80% 거품을 내고(거품기로 크림을 들어올렸을 때 끝이 직각으로 구부러지는 정도), 요구르트와 토마토케첩을 넣어 섞는다.

03 타라곤, 차이브, 케이퍼, 코르니숑을 넣고 섞은 후 레몬즙, 코냑, 타바스코도 넣는다. 소금, 후추로 간을 맞춘다.

용도·보관 어패류 테린의 소스나 채소 샐러드, 연어 샌드위치의 맛을 내는 데 사용한다. 변질되기 쉬워서 보관이 불가능하다. 필요할 때 만들어서 빨리 사용한다.

아욜리

ailloli

아욜리

마늘을 베이스로 하여 올리브오일을 넣고 유화한 프로방스지방의 소스. 일반적으로 마늘은 익히
지 않은 생마늘을 갈아 으깨서 사용하는데, 우유나 쿠르부용으로 살짝 데치면 풍미가 부드럽다.

재료_ 완성 후 약 300cc

마늘 30g
우유 적당량
달걀노른자 2개
올리브오일 240cc
레몬즙 25cc
소금 적당량
후추 적당량

만드는 방법

01 마늘은 길이로 2등분하여 심을 제거하고, 우유로
부드럽게 데쳐서 독한 냄새를 뺀 후 잘게 으깬다.
02 볼에 **01**의 으깬 마늘과 달걀노른자를 넣어 섞고,
올리브오일을 조금씩 넣으면서 휘저어 유화한다.
03 레몬즙을 넣고 소금, 후추로 간을 맞춘다.
용도·보관 데친 채소, 흰살생선(도미, 광어, 농어 등)이
나 새우 포셰에 사용한다. 달걀노른자를 사용하였기 때
문에 냉장보관하고, 2일 안에 모두 사용한다.

루유

rouille

루유

루유는 프로방스지방의 소스이다. 강한 마늘맛이 특징이며, 주로 부야베스에 곁들여 내고, 수프에 넣어 먹거나 빵에 찍어 먹는 등 양념처럼 사용한다.

재료_ 완성 후 약 300cc

마늘 1쪽

에샬로트 15g

앤초비 필레 2마리 분량

토마토페이스트 18g

삶은달걀 노른자* 2개

달걀노른자 1개

머스터드 20g

사프란 아주 조금

퓌메 드 클람 푸르 부야베스(p.64) 30cc

화이트와인비네거 30cc

올리브오일 200cc

소금 적당량

후추 적당량

카옌페퍼 아주 조금

레몬즙 조금

만드는 방법

01 마늘은 길이로 2등분하여 심을 제거하고, 푸드프로세서에 마늘, 에샬로트, 앤초비, 토마토페이스트, 삶은 달걀의 노른자를 넣고 퓌레 상태로 갈아서 체에 내린다.

02 푸드프로세서에 **01**을 다시 담고 달걀노른자, 머스터드, 사프란 국물(사프란을 퓌메 드 클람 푸르 부야베스로 끓인 것), 화이트와인비네거를 넣고 살짝 간다. 올리브오일을 조금씩 넣으면서 부드럽게 간다.

03 소금, 후추, 카옌페퍼로 간을 맞추고, 마지막에 레몬즙을 넣는다.

용도·보관 부야베스를 비롯하여 어패류로 만드는 진한 수프에 넣는다. 풍미가 사라지기 쉬워 보관은 불가능하다. 필요할 때 만들어서 빨리 사용한다.

*삶은달걀의 노른자 대신 삶은 감자나 식빵을 사용해도 된다.

루유 오 클람

rouille au clam

조개맛 루유

어패류를 듬뿍 넣어 그 맛을 살린 부야베스와 잘 어울리도록 달걀노른자를 사용하지 않고 개운하게 만든 루유. 퓌메 드 클람 푸르 부야베스를 넣어 부드러운 식감으로 만든다.

재료_ 완성 후 약 300cc
빵가루 150g
카옌페퍼 5g
퓌메 드 클람 푸르 부야베스(p.64) 180cc
마늘 60g
사프란가루 조금
소금 적당량
후추 적당량

만드는 방법

01 소금, 후추 이외의 재료를 모두 푸드프로세서에 넣고 부드러운 퓌레 상태로 간다.

02 고운체에 내리고, 소금과 후추로 간을 맞춘다.

용도·보관 맛을 살리기 위해 부야베스에 넣는다. 냉장하면 2일 정도 보관 가능.

루유 오 유주코쇼

rouille au 「Yuzu-Kosyou」

유자고추 루유

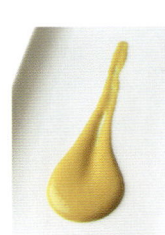

유자고추는 규슈의 특산품인 향신료이다. 유자껍질에 고추와 소금을 섞은 것으로, 선명한 향과 매운맛이 특징. 일반 루유보다 상큼한 풍미로, 일본사람들에게는 매우 친숙하다.

재료_완성 후 약 300cc
빵가루 120g
마늘 50g
유자고추* 20g
퓌메 드 클람 푸르 부야베스(p.64) 180cc
사프란가루 조금
소금 적당량
후추 적당량

만드는 방법

01 소금, 고추 이외의 재료를 모두 푸드프로세서에 넣고 부드러운 퓌레 상태로 간다.

02 고운체에 내리고, 소금과 후추로 간을 맞춘다.

용도·보관 맛을 살리기 위해 부야베스나 수프에 넣는다. 냉장하면 2일 정도 보관 가능.

루유 사용

나가사키 해산물 부야베스

Bouillabaisse de Nagasaki

도미나 농어를 비롯하여 쏨뱅이, 벤자리, 전복, 홍다리얼룩새우 등 나가사키에서 나는 해산물을 듬뿍 넣은 부야베스. 조개맛과 유자고 추, 2가지 다른 풍미의 루유를 곁들여 내서 수프에 넣어 각기 다른 맛으로 즐길 수 있다. 부야베스를 만드는 방법은, 전복 이외의 어패 류를 올리브오일로 푸알레하고, 볶은 미르푸아를 넣어 섞는다. 퓌 메 드 클람, 토마토, 사프란을 넣어 졸이고, 전복과 따로 퓌메 드 클람으로 익힌 감자를 넣어 더 졸인 후 소금, 후추로 간을 한다. 그 릇에 담아 차이브, 딜, 처빌 등의 허브를 뿌리고, 2종류의 루유를 곁들인다.

소스 타프나드

sauce tapenade

타프나드 소스

올리브, 케이퍼, 앤초비 등을 갈아서 올리브오일에 섞은 페이스트 상태의 소스. 농후한 맛으로 프로방스요리 등에 함께 내는 양념이나 곁들임 역할을 한다.

재료_ 완성 후 약 300㏄
블랙올리브 200g _ 소금절임
마늘 1/2쪽
앤초비 필레 2마리 분량
케이퍼 40g _ 초절임
바질 4장
타임, 로즈메리 1g씩
E.V.올리브오일 60㏄ 이상
카옌페퍼 아주 조금
소금, 후추 조금씩

만드는 방법
01 푸드프로세서에 블랙올리브, 마늘, 앤초비, 케이퍼, 바질, 타임, 로즈메리를 넣고 퓌레 상태로 간다.
02 E.V.올리브오일을 넣어 농도를 조절하고, 카옌페퍼, 소금, 후추로 간을 맞춘다.
용도·보관 어패류, 갑각류, 송아지 요리의 소스나 곁들임 또는 익힌 채소의 소스로 사용한다. 밀폐하면 3일간 냉장보관 가능.

무스 드 타프나드

mousse de tapenade

타프나드 무스

소스 타프나드에 50% 정도 휘핑한 생크림을 넣어, 좀 더 무스 상태로 만든 소스. 생크림이 타프나드의 진한 맛과 신맛을 부드럽게 만들어줘서 먹기 좋다.

재료_ 완성 후 약 300㏄
타프나드 소스 100g
생크림 200㏄
소금 적당량
후추 적당량

만드는 방법
01 소스 타프나드를 푸드프로세서에 크림 상태로 간다.
02 50% 휘핑한 생크림(거품기로 크림을 들어올렸을 때 흐르는 정도)을 넣고, 단단해질 때까지 다시 휘핑한다. 소금, 후추로 간을 맞춘다.
용도·보관 어패류나 익히지 않은 신선한 채소로 만든 전채요리에 곁들인다. 거품이 사라지므로 필요할 때 만들어서 빨리 사용한다.

소스 타프나드 사용

타프나드 소스, 토마토 소스와 함께
펜넬 콩피를 곁들인 전복 구이와 카레맛 랑구스틴

Sauté d'ormeau, langoustines au curry,
fenouil confit à la tapenade et à la sauce tomate

여름이 제철인 전복이 주재료이고, 토마토와 펜넬을 사용하여 남프
랑스 느낌이 강한 요리. 전복은 강판에 간 무와 함께 껍데기째 쪄서
얇게 썬 토마토 콩피와 번갈아 쌓고, 마늘과 뵈르 프로방살(p.159)
을 올려 오븐에 굽는다. 랑구스틴은 껍데기를 떼서 소금, 후추를 뿌
리고, 등에는 카레가루와 카트르에피스 등의 향신료를 뿌려 올리브
오일로 굽는다. 여기에 어울리는 소스는 남프랑스 냄새가 물씬 나는
소스 타프나드와 소스 토마트(p.258). 이 소스들을 접시에 십자(+)
로 교차시켜 담고, 전복과 랑구스틴을 올린다. 그 위에 그래뉴당을
뿌리고, 콩피한 펜넬과 이탈리안파슬리, 말려서 가루로 만든 전복의
간을 곁들인다.

소스 타프나드 오 프뤼이 드 메르

sauce tapenade aux fruits de mer

해산물 타프나드 소스

전복과 바닷가재의 간을 넣은, 바다 향이 물씬 나는 타프나드. 어패류로 만든 차가운 요리에 사용한다. 맛이 진해서 포인트로 접시에 조금만 곁들여도 된다.

재료_ 완성 후 약 300cc

전복 간 80g

바닷가재 내장 80g

마늘 2쪽

양파 10g

블랙올리브 20g _ 소금절임

E.V.올리브오일 120cc

이탈리안파슬리 3g

차이브 3g

카옌페퍼 조금

레몬즙 1/2개 분량

유자껍질 1/2개 분량

소금 조금

후추 조금

만드는 방법

01 양파, 블랙올리브, 이탈리안파슬리, 차이브를 각각 아셰하고, 심을 제거한 마늘과 유자껍질은 강판에 간다.

02 전복 간과 바닷가재 내장은 찌거나 오븐에 구워 속까지 완전히 익힌 후 고운체에 내린다.

03 볼에 **02**의 체에 내린 전복 간과 바닷가재 내장을 넣고 마늘, 양파, 블랙올리브, E.V.올리브오일, 이탈리안파슬리, 차이브, 카옌페퍼를 넣어 섞는다.

04 소금, 후추로 가볍게 간을 하고, 레몬즙과 갈아둔 유자껍질을 넣어 섞는다.

용도·보관 전복이나 소라 등의 조개류로 만드는 차가운 요리에 사용한다. 또는 어패류 테린(terrine, 곱게 간 생선이나 닭고기 등을 단지나 틀에 채워서 찐 뒤 식혀서 먹는 요리)의 소스로 사용한다. 밀폐하여 냉장하면 3일 정도 보관 가능.

소스 오 피스투

sauce au pistou

피스투 소스

곱게 간 바질과 마늘을 올리브오일에 섞어 페이스트 상태로 만든 프로방스지방의 소스. 채소 수프나 파스타 등에 향과 색으로 악센트를 주기 위해 사용한다.

재료_ 완성 후 약 300cc

바질 35g

파슬리 15g

마늘 10g

잣* 15g

파르메산치즈 5g

앤초비 필레 2마리 분량

E.V.올리브오일 240cc

소금 적당량

후추 적당량

*잣은 구워서 사용한다.

만드는 방법

01 바질, 파슬리, 잣, 앤초비를 절구에 넣고 곱게 빻는다. 마늘은 심을 제거하여 으깬다.

02 볼에 **01**과 강판에 간 파르메산치즈가루를 넣어 섞고, E.V.올리브오일도 넣어 잘 섞는다. 소금, 후추로 간을 맞춘다.

용도·보관 어패류나 갑각류로 만든 요리에 악센트를 주기 위해 사용하며, 갑각류 파스타나 채소 또는 갑각류 수프에도 사용한다. 밀폐하여 냉장하면 2~3일 보관 가능.

쿨리 드 토마트

coulis de tomate

토마토 쿨리

「쿨리」는 채소나 과일의 즙을 체에 내린 것, 또는 퓌레를 의미한다. 믹서에 갈기만 한 것을 말하는 경우도 많지만, 아래와 같이 응용하기 쉽게 조미한 것도 포함된다.

재료_ 완성 후 약 300cc

완숙 토마토   500g

마늘   10g

타임   3줄기

소금   적당량

후추   적당량

올리브오일   30cc

만드는 방법

01 토마토는 끓는 물에 넣었다 빼서 껍질을 벗기고 반으로 자른 후 씨를 제거하고, 조리하기 직전에 소금, 후추를 뿌린다. 마늘은 아셰한다.

02 냄비에 올리브오일을 둘러 마늘을 볶고, 향이 나면 토마토를 넣어 재빨리 고루 섞는다. 타임을 넣고 뚜껑을 덮어 약한불로 졸인다.

03 토마토가 뭉그러지면 고운체나 시누아로 거른다.

용도·보관 토마토 무스나 줄레의 베이스 또는 소스로 사용한다. 토마토와 궁합이 잘 맞는 모든 차가운 요리에 소스로 사용한다. 밀폐하여 냉장하면 2~3일 보관 가능.

소스 토마트 아 라 프로방샬

sauce tomate à la provençale

프로방스 스타일 토마토 소스

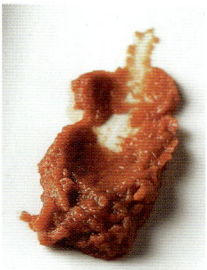

토마토의 수분을 날리듯이 졸여 맛과 농도를 농축시킨 소스. 단조롭지 않은 새콤달콤한 풍미는 조금만 넣어도 요리에 악센트를 준다. 갑각류나 생선요리에 잘 어울린다.

재료_ 완성 후 약 300cc

완숙 토마토 15개(약 2kg)

마늘 30g

타임 3줄기

월계수잎 1장

소금 적당량

후추 적당량

올리브오일 적당량

만드는 방법

01 토마토는 끓는 물에 넣었다 빼서 껍질을 벗기고 반으로 자른 후 씨를 제거하고, 조리하기 직전에 소금, 후추를 뿌린다. 마늘은 심을 제거하여 아셰한다.

02 냄비에 올리브오일을 둘러 마늘을 볶고, 향이 나면 토마토를 넣어 약한불로 졸인다.

03 토마토가 뭉그러지면 타임과 월계수잎을 넣고 그대로 수분이 없어질 때까지 졸인다.

용도·보관 프로방스 스타일 고등어 타르트(p.155)같이 생선을 이용한 타르트나 쇼송에 곁들인다. 밀폐하여 냉장하면 2~3일 보관 가능.

소스 토마트

sauce tomate

토마토 소스

토마토를 살짝 익힌 것부터 채소나 육수와 함께 졸인 것까지 종류가 다양하다. 무엇보다도 토마토의 풍미를 살리면서 활용도가 높게 만드는 것이 포인트이다.

재료_ 완성 후 약 300cc

완숙 토마토   600g

베이컨   60g

양파   90g

마늘   15g

토마토페이스트   15g

퐁 드 볼라유(p.32)   240cc

부케가르니   1다발

소금   적당량

후추   적당량

올리브오일   60cc

만드는 방법

01 토마토는 끓는 물에 넣었다 빼서 껍질을 벗기고, 반으로 잘라 씨를 제거한다. 베이컨은 브뤼누아즈하고, 양파와 마늘은 아셰한다.

02 냄비에 올리브오일을 두르고 마늘과 베이컨을 볶는다. 향이 나면 양파를 넣어 부드럽게 볶고, 토마토를 넣은 후 전체에 소금, 후추를 뿌린다.

03 약한불로 뭉근히 끓이고, 토마토가 뭉그러지기 시작하면 토마토페이스트, 퐁 드 볼라유, 부케가르니를 넣고 뚜껑을 덮어 약한불로 푹 끓인다.

04 토마토가 완전히 뭉그러지면 소금, 후추로 간을 맞추고 시누아로 거른다.

용도·보관 오징어조림의 베이스나 파스타 소스, 송아지빵가루구이 등의 소스로 사용한다. 밀폐하여 냉장하면 2~3일 보관 가능.

소스 푸르 에스카베슈

sauce pour escabèche

에스카베슈 소스

기름에 튀긴 생선을 단촛물에 절인 「에스카베슈」에 사용하는, 마리네용 국물 겸 소스. 가늘고 길게 채 썬 채소를 넣어 풍미와 색을 다채롭게 만든다. 채소는 물기를 빼서 곁들임으로 내도 좋다.

재료_ 완성 후 약 300cc

양파 40g

당근 30g

셀러리 20g

파 20g

붉은피망 20g

마늘 1쪽

붉은고추 1/2개

그래뉴당 6g

화이트와인 90cc

사과식초 60cc

화이트와인비네거 20cc

타임 1줄기

월계수잎 1장

레몬즙 20cc

레몬 슬라이스 4장

올리브오일 160cc

소금 적당량

후추 적당량

만드는 방법

01 양파, 셀러리, 마늘을 1mm 두께로 에맹세하고, 당근, 파, 붉은피망은 2mm 너비로 쥘리엔한다.

02 냄비에 올리브오일 20cc를 두르고, 마늘과 붉은고추를 넣어 볶는다. 향이 나면 양파, 당근, 셀러리, 파, 붉은피망을 넣고, 소금과 후추로 간을 맞춘 후 약한불로 살짝 익힌다.

03 그래뉴당, 화이트와인, 사과식초, 화이트와인비네거, 타임, 월계수잎을 넣고 센불로 끓인다.

04 끓으면 불을 줄인 후 레몬즙, 레몬 슬라이스, 나머지 올리브오일을 넣고, 전체를 골고루 섞어 마무리한다.

용도·보관 전갱이 채소 밀푀유(p.261) 같은 생선 에스카베슈에 사용한다. 채 썬 채소는 곁들임으로 사용해도 좋다. 냉장하면 2일 정도 보관 가능.

소스 오 로크포르

sauce au Roquefort

로크포르치즈 소스

프랑스에서 공부할 때 먹었던 치즈, 꿀, 비네거로 만든 드레싱을 응용한 것. 로크포르치즈(roquefort, 냄새가 강한 프랑스의 푸른곰팡이 치즈)의 풍미를 살리기 위해 담백한 재료와 조합하면 좋다.

재료_ 완성 후 약 300cc

로크포르치즈 150g

머스터드 25g

화이트발사믹비네거 20cc

올리브오일 150cc

후추 적당량

라임즙 조금

만드는 방법

01 로크포르치즈를 고운체에 내리고, 머스터드와 화이트발사믹비네거를 넣어 매끄럽게 섞는다.

02 올리브오일을 조금씩 넣으면서 거품기로 섞고, 후추와 라임즙을 넣어 간을 맞춘다.

용도·보관 닭고기나 흰살생선 등의 담백한 재료로 만드는 차가운 요리에 사용한다. 샐러드와도 잘 어울린다. 냉장하면 3일 정도 보관 가능.

소스 오 로크포르 사용

산초향을 더한
전갱이 채소 밀푀유

Mille-feuilles de chinchard et matignon
de légume parfumé à la jeune pousse 「Kinomé」

전갱이 에스카베슈를 응용한 여름 느낌의 요리. 로크포르치즈 소스
의 깊은 맛과 강렬한 향이 신맛이 강한 에스카베슈와 잘 어울린다.
만드는 방법은, 전갱이를 필레로 포를 떠서 소금, 후추, 강력분을
뿌려 기름에 튀기고, 이것을 소스 푸르 에스카베슈(p.259)에 넣어
절인다. 접시에 전갱이와 소스 푸르 에스카베슈에 들어 있는 당근,
붉은피망 등의 채소를 밀푀유처럼 쌓아놓고, 둘레에 소스 오 로크포
르를 뿌린다. 전체에 산초잎을 흩뿌려 마무리한다.

쿨리 드 트뤼프

coulis de truffes

트러플 쿨리

많은 양의 검은 트러플을 마데이라, 육수와 함께 졸인 윤기 있는 소스. 시누아로 완전히 걸러서
부드러운 식감으로 만든다. 따뜻한 요리에 곁들이며, 트러플 향을 충분히 강조한다.

재료_ 완성 후 약 300cc
트러플 150g
코냑 10cc
마데이라 50cc
쥐 드 트뤼프 75cc_ 시판 제품
퐁 드 볼라유(p.32) 180cc
소금 적당량
후추 적당량
버터 조금

만드는 방법

01 트러플을 에맹세하여 버터에 쉬에하고, 코냑을 부
어 향을 낸다.
02 마데이라를 넣어 반으로 졸이고, 쥐 드 트뤼프와
퐁 드 볼라유를 넣어 좀 더 졸인다.
03 한 김 식으면 믹서에 퓌레 상태로 갈아 고운체에
완전히 내리고, 소금과 후추로 간을 맞춘다.
용도·보관 고기나 흰살생선으로 만드는 따뜻한 요리
에 소스로 사용한다. 향이 달아나지 않도록 진공포장하
면 2~3일 보관 가능.

위일 오 바질리크

huile au basilic

바질 오일

바질 향이 제대로 나는 오일을 만들려면, 65~70℃에서 반나절 정도 향이 천천히 배어나오게 둔다. 가열하지 않고 향을 낼 때 사용하며, 보관도 가능하므로 한 번에 넉넉히 만들어두면 좋다.

재료_ 완성 후 약 300cc

E.V. 올리브오일 360cc

바질잎 30g

검은 통후추 약 10알

01 바질은 잎만 사용하는데, 물로 깨끗이 씻어 물기를 충분히 뺀다.

02 냄비에 바질잎과 E.V.올리브오일, 통후추를 넣는다. 후추를 넣으면 오일에 조금 스파이시한 향이 난다.

03 냄비를 조리용 철판 스토브 끝쪽 등 온도가 너무 높지 않은 곳(65~70℃)에 두어 12시간 정도 향을 앙푀제(추출)한다.

04 12시간 후. 잎은 축 처져 있고, 오일은 초록빛으로 변해 있다. 불에서 내려 그대로 상온에서 식힌다.

05 식으면 면보자기에 거른다.

06 완성된 바질 오일. 어패류 샐러드나 파스타, 생선 포셰나 푸알레 등에 향을 더하기 위해 사용한다. 상온에서 1개월 정도 보관 가능.

위일 오 제르브

huile aux herbes

허브 오일

여러 종류의 허브로 향을 낸 오일. 바질 오일(p.263)보다 질리지 않는 맛이며, 풍미와 색에 악센트를 주기 위해 다양한 요리에 사용할 수 있다. 허브 종류는 취향에 따라 고른다.

재료_ 완성 후 약 300cc
올리브오일 300cc
마늘 2쪽_ 껍질째
붉은고추 1/2개
바질 10g
타임 5g
타라곤 8g
이탈리안파슬리 3g
화이트 미뇨네트 조금

만드는 방법
01 허브는 깨끗이 씻어 물기를 충분히 뺀다. 냄비에 모든 재료를 넣고 70℃에 10~12시간 둔다.
02 허브의 풍미가 오일에 배어나오면 그대로 상온에서 식힌 후 면보자기를 깐 시누아에 거른다.
용도·보관 등푸른생선 푸알레에 오일로 쓰거나 수프, 샐러드, 냉파스타에 악센트로 사용한다. 밀폐하면 1~2주 보관 가능.

위일 오 세프

huile aux cèpes

그물버섯 오일

버섯 중에서도 향과 감칠맛이 최고인 그물버섯을 앙퓌제한 오일. 버섯과 궁합이 잘 맞는 호두기름을 사용하지만, 올리브오일도 괜찮다. 표고버섯으로 만들어도 좋다.

재료_ 완성 후 약 300cc
호두기름 300cc
그물버섯 40g_ 말린 것
마늘 1/2쪽_ 껍질째
붉은고추 1/2개

만드는 방법
01 냄비에 모든 재료를 넣고 70℃에 10~12시간 둔다.
02 그물버섯의 향이 배어나오면 그대로 상온에서 식힌 후 면보자기를 깐 시누아에 거른다.
용도·보관 버섯 소테나 크림조림, 수프 등에 향을 내고, 버섯을 익힐 때 오일로도 사용한다. 밀폐하면 1~2주 보관 가능.

위일 오 오마르

huile au homard

바닷가재 오일

바닷가재 껍데기를 앙퓌제한, 색과 향이 선명한 오일. 신선한 허브로 비린내를 없애고 바닷가재의 감칠맛을 끌어낸다. 바닷가재 대신 새우로 만들어도 좋다.

재료_ 완성 후 약 300cc
바닷가재 껍데기* 80g
코냑 조금
올리브오일 350cc
마늘 1/2쪽_ 껍질째
타임 1/2줄기
타라곤 1/2줄기
월계수잎 1/2장
붉은고추 1/2개

* 껍데기째 포셰하여(삶아서) 살을 발라내고
남은 바닷가재 껍데기를 사용한다.
선명한 색을 내기 위해 붉은 부분만 사용한다.

만드는 방법

01 바닷가재 껍데기를 2㎝ 크기로 토막 내서 철판 위에 가지런히 놓고, 220℃ 오븐에서 건조하듯이 구운 후 코냑을 조금 뿌려서 향을 낸다.

02 냄비에 01의 구운 바닷가재 껍데기를 넣고 올리브오일을 붓는다. 마늘, 타임, 타라곤, 월계수잎, 붉은고추를 넣어 75~80℃에 두고 5시간 정도 앙퓌제한다.

03 면보자기를 깐 시누아에 거른다.

용도·보관 바닷가재 샐러드나 수프, 갑각류요리 등에 조금만 넣어도 풍미를 더한다. 향이 사라지지 않게 밀폐하면 1주일 정도 보관 가능.

위일 오 오마르 사용

부르타뉴 바닷가재와 제철채소로 만든
감귤향 냉수프

soupe froide de homard breton et de légumes de saison,
parfumée au jus d'agrume

무더운 여름에 반가운 냉수프. 냉수프는 깔끔한 맛으로 만드는 것이
중요한데, 자칫하면 맛이 단조로워지기 쉬우므로 향을 낸 오일로 풍
미를 더한다. 수프는 부용 드 레귐에 햄을 넣어 뭉근하게 끓인 후 클
라리피에한 것. 시누아로 거른 후 차게 식혀서 위에 뜨는 기름을 면
보자기로 거른다. 이것을 소금과 후추로 간을 하고, 카보스(유자의
일종)를 짜 넣어 향을 더한다. 쿠르부용(p.57)으로 포셰한 바닷가재
와 크넬(quenelle, 바닷가재와 가리비가 베이스인 무스를 동그랗게 크넬
모양으로 빚어 바닷가재 알을 묻힌다), 미리 데쳐둔 아스파라거스, 꼬
투리콩, 토마토, 호박 등의 채소와 신선한 토마토를 그릇에 담고,
수프를 붓는다. 쥘리엔으로 자른 양하와 오이를 얹고, 둘레에 위일
오 오마르를 뿌린다.

SAUCES POUR DESSERTS

디저트 소스

소스 앙글레즈

sauce Anglaise

앙글레즈 소스

우유와 달걀을 사용한 정통 소스. 달걀을 충분히 익혀 깊은 맛을 낸다. 여기서는 레스토랑 디저트용으로 마지막에 휘핑한 생크림을 섞어 가볍게 만드는 방법을 소개한다.

재료_ 완성 후 약 500cc   생크림 100cc_ 유지방 36%

우유 250cc

타히티 바닐라빈 1/4개

달걀노른자 4개

그래뉴당 60g

01 냄비에 우유와 껍질 가른 바닐라빈, 그래뉴당 조금을 넣고 끓인다. 그래뉴당을 넣는 것은 냄비 바닥에 막이 생겨 타지 않게 하기 위해서이다.

02 볼에 달걀노른자와 나머지 그래뉴당을 넣고 섞는데, 공기가 많이 들어가도록 섞는 것이 포인트이다. 공기가 쿠션처럼 되어 열이 가해져도 금방 단단해지지 않는다.

03 01의 우유가 끓으면 02의 볼에 조금씩 넣으면서 잘 섞는다.

04 냄비에 다시 담아 약한불로 끓인다. 주걱(사진은 내열성 실리콘주걱)으로 계속 저으면서 약 83℃까지 끓이면 달걀이 응고해서 점차 걸쭉해진다.

05 주걱으로 소스를 떠서 손가락으로 눌렀을 때 조금 자국이 남으면 달걀이 충분히 익고 농도가 생긴 것이다.

06 바닐라빈을 으깨면서 시누아로 거른 후 얼음물에 놓고 식힌다.

07 생크림을 60% 거품을 내고(거품기로 크림을 들어올렸을 때 끝이 조금 구부러지는 정도), **06**의 소스를 조금씩 넣으면서 고루 섞는다.

08 소스 앙글레즈 완성. 생크림을 넣으면 가볍고 부드러워서 식후 디저트용으로 알맞다. 소스 이외에 아이스크림이나 바바루아의 베이스로도 사용. 소스는 만든 날 모두 사용한다.

소스 앙글레즈 사용

2종류의 소스를 곁들인
사과 카라멜리제 타르트

Tarte aux pommes caramélisées
aux deux sauces anglaise et caramel

소스 앙글레즈를 디저트 소스로 사용한 예. 사과 타르트와 아이스크림에 소스 앙글레즈와 소스 오 카라멜(p.276)을 곁들인 정통 디저트. 2가지 소스 모두 어떤 디저트와도 잘 어울린다. 사과 타르트는 먼저 동그란 모양으로 자른 사과를 정제 버터와 바닐라빈으로 소테한 후, 시나몬슈거를 넣어 캐러멜화한다. 레몬즙을 넣어 식히고, 둥근 틀에 채워서 오븐에 굽는다. 여기에 얇게 편 파트 브리제(파이 반죽)를 덮고 다시 구워서 접시에 담고 사과칩을 올린다. 앞쪽에는 얇게 구운 초콜릿 반죽을 놓고 귤 셔벗, 칼바도스 풍미의 아이스크림, 타임 풍미의 사과 콩피튀르를 올린다. 소스에 민트잎을 올려서 낸다.

소스 앙글레즈

sauce Anglaise

(크림을 넣지 않은) 앙글레즈 소스

크림을 넣지 않은, 달걀 풍미와 깊은 맛이 풍부한 기본 앙글레즈. 디저트 소스에 사용하는 외에도 여러 크림이나 무스의 베이스가 되는 기본 소스이다.

재료_ 완성 후 약 400cc
우유   250cc
타히티 바닐라빈   1/4개
달걀노른자   4개
그래뉴당   60g

용도·보관 외프 아 라 네주(œufs à la neige)를 비롯하여 다양한 디저트에 사용. 달걀을 넣어 보관이 불가능하므로 만든 날 모두 사용한다.

만드는 방법

01 냄비에 우유, 껍질 가른 바닐라빈, 그래뉴당 일부를 넣고 가열한다.

02 볼에 달걀노른자와 나머지 그래뉴당을 넣고 흰색이 되도록 휘저어 섞는다.

03 **01**의 우유가 끓으면 **02**에 조금씩 넣으면서 섞어 냄비에 다시 담고, 약 83℃까지 계속 저으면서 끓인다. 손가락으로 눌렀을 때 자국이 남는 정도가 좋다.

04 시누아로 걸러서 얼음물에 놓고 식힌다.

소스 앙글레즈 오 쿠앵트로

sauce Anglaise au Cointreau

쿠앵트로 풍미의 앙글레즈 소스

쿠앵트로로 풍미를 더한 소스 앙글레즈. 부드러움 속에서 살짝 오렌지향이 느껴진다. 오렌지 등의 감귤류를 사용한 디저트 소스이다.

재료_ 완성 후 약 400cc
소스 앙글레즈(p.268)   400cc
쿠앵트로*   15cc

* 프랑스 쿠앵트로 회사의 오렌지 풍미의 리큐르.

만드는 방법

01 소스 앙글레즈에 쿠앵트로를 넣고 섞어서 맛이 잘 어우러지게 한다.

용도·보관 감귤류를 이용한 바바루아, 무스, 아이스크림 등의 소스로 사용. 만든 날 모두 사용한다.

소스 앙글레즈 오 카페

sauce Anglaise au café

커피 풍미의 앙글레즈 소스

인스턴트커피로 풍미를 낸 소스 앙글레즈의 파생 소스이다. 마지막에 브랜디를 넣어 깊은 맛을 낸다.

재료_ 완성 후 약 500cc

우유 250cc

타히티 바닐라빈 1/4개

달걀노른자 4개

그래뉴당 60g

인스턴트커피 6g

생크림 100cc_ 유지방 36%

핀 상파뉴* 6cc

＊ 핀 상파뉴(fine champagne)는 섬세한 향과
풍부한 풍미를 가진 프랑스 코냑지방의 고급 코냑이다.

만드는 방법

01 인스턴트커피를 달걀노른자, 그래뉴당과 함께 흰색이 되도록 휘저어 섞고, p.268의 방법으로 소스 앙글레즈를 만든다.

02 시누아로 걸러서 얼음물에 식히고, 60% 거품을 낸 (거품기로 크림을 들어올렸을 때 끝이 조금 구부러지는 정도) 생크림과 핀 상파뉴를 넣어 섞는다.

용도·보관 바바루아, 무스, 아이스크림 등의 베이스나 소스로 사용. 만든 날 모두 사용한다.

소스 앙글레즈 오 테

sauce Anglaise au thé

홍차 풍미의 앙글레즈 소스

우유와 바닐라빈을 끓여서 홍차잎을 넣고 향을 낸 소스 앙글레즈. 홍차는 향이 뛰어난 얼그레이를 사용하여 진하게 향을 낸다.

재료_ 완성 후 약 500cc

우유 250cc

타히티 바닐라빈 1/4개

달걀노른자 4개

그래뉴당 60g

생크림 100cc_ 유지방 36%

홍차잎 5g_ 얼그레이

만드는 방법

01 우유, 바닐라빈, 그래뉴당 조금을 끓인다. 끓으면 홍차잎을 넣고 그대로 식혀서 시누아로 거른다. 나머지는 p.268의 방법대로 소스 앙글레즈를 만들고, 시누아로 걸러서 얼음물에 식힌다.

02 60% 거품을 낸(거품기로 크림을 들어올렸을 때 끝이 조금 구부러지는 정도) 생크림을 넣고 섞는다.

용도·보관 바바루아, 무스, 아이스크림 등의 베이스나 소스로 사용. 만든 날 모두 사용한다.

소스 오 누아제트

sauce aux noisettes

헤이즐넛 풍미의 소스

헤이즐넛 페이스트를 넣은 소스 앙글레즈. 달걀노른자와 생크림 양을 줄여서 헤이즐넛 풍미를 강조한다. 마지막에 한 번 더 시누아로 걸러 부드럽게 만든다.

재료_ 완성 후 약 400cc

우유 240cc

그래뉴당 45g

달걀노른자 3개

헤이즐넛 페이스트 30g _ 무가당

생크림 40cc _ 유지방 36%

만드는 방법

01 우유, 그래뉴당, 달걀노른자를 사용해 p.268의 방법대로 소스 앙글레즈를 만든다.

02 시누아로 걸러서 얼음물에 식히고, 헤이즐넛 페이스트를 조금씩 넣으면서 덩어리가 생기지 않게 섞는다. 시누아로 거르고, 60% 거품을 낸(거품기로 크림을 들어올렸을 때 끝이 조금 구부러지는 정도) 생크림을 넣어 섞는다.

용도·보관 견과류를 넣은 모든 디저트의 소스로 사용. 만든 날 모두 사용한다.

소스 오 피스타슈

sauce aux pistaches

피스타치오 풍미의 소스

바닐라와 피스타치오는 서로 풍미를 해치지 않는 잘 어울리는 조합이다. 산뜻한 향과 색조가 초콜릿이나 딸기류를 비롯하여 여러 재료와 잘 어울린다.

재료_ 완성 후 약 500cc

우유 250cc

타히티 바닐라빈 1/2개

달걀노른자 4개

그래뉴당 60g

피스타치오 페이스트 40g _ 무가당

생크림 70cc _ 유지방 36%

만드는 방법

01 우유, 바닐라빈, 달걀노른자, 그래뉴당을 사용하여 p.268의 방법대로 소스 앙글레즈를 만든다.

02 시누아로 걸러서 얼음물에 식히고, 피스타치오 페이스트를 조금씩 넣으며 덩어리가 생기지 않게 섞는다. 시누아로 거르고, 60% 거품을 낸(거품기로 크림을 들어올렸을 때 끝이 조금 구부러지는 정도) 생크림을 넣어 섞는다.

용도·보관 초콜릿이나 딸기류를 이용한 디저트에 잘 어울린다. 만든 날 모두 사용한다.

소스 오 샹파뉴

sauce au Champagne

샴페인 풍미의 소스

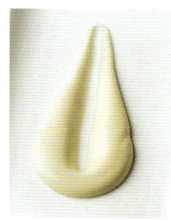

샴페인 향을 살리기 위해 베이스에 반드시 설탕을 넣는 것이 포인트. 거품 낸 생크림을 듬뿍 넣어, 샴페인을 떠올리게 하는 부드럽고 가벼운 식감으로 만든다.

재료_ 완성 후 약 550cc
달걀노른자 4개
그래뉴당 130g
샴페인 200cc_ 떫은맛
레몬즙 20cc
생크림 100cc_ 유지방 36%
쿠앵트로 40cc

만드는 방법

01 달걀노른자와 그래뉴당을 섞고, 샴페인을 끓여 섞어 넣으면서 약 83℃까지 끓인다. 걸쭉해지면 얼음물에서 한 김 식힌다.

02 레몬즙을 넣고 60% 거품을 낸(거품기로 크림을 들어올렸을 때 끝이 조금 구부러지는 정도) 생크림을 넣어 섞은 후, 쿠앵트로를 넣어 풍미를 낸다.

용도·보관 무스나 바바루아 등의 소스로 사용. 보관하지 말고 만든 날 모두 사용한다.

소스 오 마르살라

sauce au Marsala

마르살라 풍미의 소스

이탈리아의 스위트 디저트와인 마르살라를 이용한 앙글레즈 스타일의 소스. 화이트와인도 넣어 다양한 맛으로 만든다. 보기보다 더 가볍고 상쾌한 식감이다.

재료_ 완성 후 약 400cc
달걀노른자 6개
그래뉴당 90g
마르살라* 80cc
화이트와인 120cc
미네랄워터 40cc

*이탈리아 시칠리아섬에서 만드는 디저트 와인.

만드는 방법

01 볼에 달걀노른자와 그래뉴당을 넣고 섞는다.

02 마르살라, 화이트와인, 미네랄워터를 끓여서 **01**에 조금씩 넣어 섞는다. 냄비에 다시 담고, 섞으면서 약 83℃까지 끓인다. 손가락으로 눌렀을 때 자국이 남는 정도의 농도가 좋다. 시누아로 걸러서 얼음물에 식힌다.

용도·보관 무화과 로티르 등 맛이 강한 디저트에 사용. 만든 날 모두 사용한다.

소스 사바용 오 뱅 블랑

sauce sabayon au vin blanc

화이트와인 풍미의 사바용 소스

달걀노른자와 그래뉴당을 따뜻하게 데우면서 섞고, 알코올로 농도를 맞춘 소스 사바용. 거품을 만들어 식감을 가볍게 만든다. 화이트와인 대신 샴페인을 사용한 샴페인 풍미도 유명하다.

재료_ 완성 후 약 900㏄
달걀노른자 10개
그래뉴당 160g
화이트와인* 180㏄

* 화이트와인 대신 샴페인을 사용해도 된다.

만드는 방법

01 볼에 달걀노른자, 그래뉴당을 넣어 흰색이 될 때까지 섞는다.

02 중탕하여 거품기로 저으면서 달걀을 익힌다. 화이트와인을 조금씩 넣으면서 섞고, 중탕에서 내린 후 거품기로 거품을 더 낸다.

용도·보관 과일에 얹어 그라탱을 하거나, 과일 콩포트 소스로 사용. 필요할 때 만들어서 빨리 사용한다.

소스 사바용 아 로랑주

sauce sabayon à l'orange

오렌지 풍미의 사바용 소스

오렌지껍질을 갈아 넣은 소스 사바용. 껍질의 떫은맛이 단맛이 강한 사바용에 악센트를 준다. 마지막에 그랑 마르니에를 넣어 깊은 맛을 낸다.

재료_ 완성 후 약 900㏄
달걀노른자 10개
그래뉴당 160g
오렌지껍질* 2개 분량
화이트와인 160㏄
그랑 마르니에 20㏄

* 오렌지껍질은 안쪽의 하얀 부분을 제거하고, 오렌지색 부분만 사용한다.

만드는 방법

01 볼에 달걀노른자, 그래뉴당, 강판에 간 오렌지껍질을 넣고 흰색이 될 때까지 섞는다.

02 중탕하여 거품기로 저으면서 달걀을 익히고, 화이트와인을 조금씩 넣으면서 섞는다. 그랑 마르니에를 넣고 중탕에서 내린 후 거품기로 거품을 더 낸다.

용도·보관 과일에 얹어 그라탱을 하거나, 과일 콩포트의 소스로 사용. 필요할 때 만들어서 빨리 사용한다.

소스 오 팽 데피스

sauce au pain d'épices

팽 데피스 풍미의 소스

꿀과 향신료를 넣어 만드는 디저트「팽 데피스」가 들어간 소스. 은은한 향신료의 풍미는 여러 요리에서 악센트가 된다. 파스티스(pastis, 아니스 향이 나는 술)를 넣어 향이 더 강하다.

재료_ 완성 후 약 400cc

우유 250cc

타히티 바닐라빈 1/4개

시나몬스틱 5g

그래뉴당 60g

달걀노른자 4개

팽 데피스* 20g

파스티스 5cc

* 꿀과 향신료를 듬뿍 넣은 발효생지로 만드는 디저트. 프랑스 디종지방의 것을 사용한다.

만드는 방법

01 냄비에 우유, 껍질 가른 바닐라빈, 시나몬스틱, 그래뉴당 일부를 넣고 끓인다.

02 볼에 달걀노른자와 나머지 그래뉴당을 넣고 흰색이 될 때까지 섞는다.

03 **01**의 우유가 끓으면 **02**의 볼에 조금씩 넣으면서 잘 섞고, 냄비에 다시 담아서 끓인다. 섞으면서 약 83℃까지 끓이는데, 손으로 눌렀을 때 자국이 남을 정도의 농도가 적당하다.

04 불에서 내려 팽 데피스를 넣고 푸드프로세서로 간다.

05 시누아로 걸러서 얼음물에 식히고, 충분히 식었으면 파스티스를 넣는다.

용도·보관 초콜릿이나 사과, 서양배 등 향신료와 잘 맞는 좋은 재료로 만드는 디저트에 사용. 필요할 때 만들어서 빨리 사용한다.

소스 오 카라멜

sauce au caramel

캐러멜 소스

그래뉴당을 끓여 만든 고소한 캐러멜은 디저트에서 빠질 수 없는 소스이다. 용도와 취향에 따라 끓이는 정도를 조절하고, 마지막에 뜨거운 물을 넣어 사용하기 좋은 농도로 만든다.

재료_ 완성 후 약 400cc

그래뉴당   400g

뜨거운 물   약 160cc

만드는 방법

01 냄비에 그래뉴당을 넣고 중불로 끓인다.

02 캐러멜 상태가 되면 뜨거운 물을 넣고 섞으면서 농도를 조절한다.

용도·보관 일 플로탕트(îles flottantes, 커스터드크림 위에 익힌 머랭을 얹은 프랑스 디저트)나 푸딩 등의 소스로 사용. 2~3일 냉장보관 가능.

소스 카라멜 아 라 크렘

sauce caramel à la crème

크림 캐러멜 소스

그래뉴당을 끓여 만든 캐러멜에 뜨거운 물 대신 생크림을 넣어 만든 소스. 식감이 부드러우며, 마지막에 향이 풍부한 코냑을 넣어 어른 입맛으로 만든다.

재료_ 완성 후 약 400cc

그래뉴당   200g

생크림   280cc_ 유지방 36%

핀 샹파뉴*   30cc

*핀 샹파뉴(fine champagne)는 섬세한 향과 풍부한 풍미를 가진 프랑스 코냑지방의 고급 코냑.

만드는 방법

01 냄비에 그래뉴당을 넣고 중불로 끓여 캐러멜을 만든다. 다른 냄비에 생크림을 넣어 따뜻하게 데운다.

02 캐러멜에 생크림을 넣어 섞고, 한 김 식으면 핀 샹파뉴를 넣는다.

용도·보관 아이스크림과 사과 파이의 소스로 사용한다. 2~3일 냉장보관 가능.

소스 카라멜 오 쇼콜라

sauce caramel au chocolat

초콜릿 캐러멜 소스

초콜릿의 카카오 함량이 높으면 캐러멜 풍미가 나지 않으므로 밀크 타입의 초콜릿을 사용한다.
크림을 듬뿍 넣어 부드러운 식감으로 만든다.

재료_ 완성 후 약 400cc
그래뉴당   120g
생크림   280cc_ 유지방 36%
타히티 바닐라빈   1/2개
커버추어   60g_ 밀크 타입

용도·보관 초콜릿으로 만드는 디저트와 바바루아의
소스로 사용한다. 2~3일 냉장보관 가능.

만드는 방법
01 냄비에 생크림과 껍질을 가른 바닐라빈을 넣고 끓
인다.
02 다른 냄비에 그래뉴당을 넣고 중불로 끓여 캐러멜
을 만든다.
03 **02**의 캐러멜에 **01**의 생크림을 넣고 섞는다.
04 볼에 잘 녹도록 잘게 부숴놓은 커버추어를 넣고,
03을 넣어 섞은 후 시누아로 거른다.

소스 오 카라멜 뵈르 살레

sauce au caramel beurre salé

소금버터 캐러멜 소스

소금과 버터를 넣은, 달콤짭짤한 캐러멜 풍미의 소스. 그래뉴당과 물엿을 같은 양으로 넣어 잘
퍼지는 농도를 만든다. 디저트에 넣어 의외의 맛을 낸다.

재료_ 완성 후 약 400cc
그래뉴당, 물엿   100g씩
생크림   250cc_ 유지방 36%
타히티 바닐라빈   1/2개
버터   24g
소금   1꼬집

용도·보관 사과나 서양배 타르트, 초콜릿 케이크 등에
사용. 2~3일 냉장보관 가능.

만드는 방법
01 냄비에 생크림과 껍질을 가른 바닐라빈을 넣고 끓
인다.
02 다른 냄비에 그래뉴당과 물엿을 넣고 중불로 끓여
캐러멜을 만든다.
03 **02**에 **01**의 생크림을 조금씩 넣고 잘 섞는다. 시누
아로 거른 후 소금과 버터를 넣어 잘 섞는다.

소스 오 프레즈

sauce aux fraises

딸기 소스

딸기 퓌레로 만드는 심플한 소스. 마지막에 키르슈를 넣어 깊은 향과 맛을 더한다. 산딸기, 카시스(커런트) 등 좋아하는 퓌레와 알코올을 이용하여 응용한다.

재료_ 완성 후 약 400㏄

딸기 퓌레* 400g

그래뉴당 55g

레몬즙 1/2개 분량

키르슈* 20㏄

*딸기 퓌레는 프랑스산 냉동제품 사용. 10% 가당.
*키르슈(Kirsch)는 프랑스 알자스산 체리브랜디.

만드는 방법

01 냄비에 딸기 퓌레와 그래뉴당을 넣고 계속 저으면서 끓인다.

02 끓으면 시누아로 걸러서 얼음물에 놓고 식힌다. 레몬즙과 키르슈를 넣어 맛을 낸다.

용도·보관 딸기로 만든 무스나 바바루아, 밀푀유, 아이스크림의 소스로 사용한다. 냉장하면 3일간 보관 가능.

소스 오 프레즈 사용

오렌지 풍미의 마리아주
딸기 밀푀유와 샴페인 에스푸마

Mille-feuilles aux fraises et espumas
de champagne à l'orange

딸기 밀푀유는 정통 디저트이다. 레스토랑에서 서빙할 때는 신선한
과일을 곁들이거나, 소스나 플레이팅에 신경 써서 보기 좋게 만든
다. 밀푀유를 만드는 방법은 먼저 파트 푀이테(접기형 파이 반죽)를
얇게 민다. 그리고 바닥용은 파이피케로 구멍을 내서 누름돌을 올려
얇게 굽고, 위에 덮는 반죽은 그대로 구워서 바닥용 반죽과 함께 둥
근 모양으로 찍어낸다. 구운 바닥용 반죽에 딸기를 나란히 놓고 크
림(크렘 파티시에와 크렘 샹티이를 같은 양으로 섞고 키르슈를 넣은 것)
을 짠 후 위에 구운 반죽을 덮는다. 소스는 딸기 소스와 샴페인 에스
푸마(p.290) 2종류. 딸기 소스는 슬라이스한 신선한 딸기 아래에 가
로지르는 모양으로 놓아 소스의 농축된 풍미와 신선한 과일의 싱싱
함을 대비시킨다. 에스푸마는 입에 넣는 순간 사르르 녹는 가벼운
식감과, 입안 가득 퍼지는 샴페인의 풍미가 특징이다. 이것을 곁들
이기만 해도 강한 인상을 준다.

쿨리 드 프레즈

coulis de fraises

딸기 쿨리

쿨리는 채소나 과일의 묽은 퓌레. 여기서는 가열하지 않고, 매우 신선한 소스로 만든다. 수분이 적은 과일은 시럽이나 리큐르로 농도를 조절한다.

재료_ 완성 후 약 500cc

딸기 650g + 10알

설탕 70g

키르슈* 40cc

민트잎 30장

* 키르슈(Kirsch)는 프랑스 알자스산 체리브랜디.

만드는 방법

01 딸기 650g은 체에 내리고, 10알은 브뤼누아즈한다. 민트잎은 시즐레한다.

02 고운체로 내린 딸기에 설탕, 키르슈, 브뤼누아즈한 딸기, 민트잎을 넣어 섞는다. 설탕이 녹으면 냉장한다.

용도·보관 딸기 무스, 바바루아, 밀푀유 등의 소스로 사용. 필요할 때 만들어서 빨리 사용한다.

소스 프뤼이 루주

sauce fruits rouges

붉은과일 소스

붉은 베리류의 신맛과 선명한 색이 특징. 과일을 중탕으로 끓여서 자연스럽게 떨어지는 즙을 사용하여 순수한 맛으로 완성한다. 냉동 과일을 사용하면 맛이 안정적이다.

재료_ 완성 후 약 400cc

딸기 600g

산딸기 240g

블랙베리(오디) 240g

설탕 40g

옥수수전분 15g

용도·보관 플레인 또는 베리류의 무스나 바바루아의 소스로 사용. 3일간 냉장보관 가능.

만드는 방법

01 볼에 딸기, 산딸기, 블랙베리를 넣고 중탕으로 끓여서 나오는 즙을 모은다(재료의 분량으로는 400cc가 나온다. 과일은 으깨지 않는다). 과일은 냉동이나 싱싱한 것 모두 괜찮다.

02 옥수수전분에 01의 즙 일부를 넣고 섞는다.

03 냄비에 나머지 즙과 설탕을 넣고 끓인다. 끓으면 02의 옥수수전분을 넣어 한소끔 끓이고, 시누아로 거른 후 식힌다.

소스 프랑부아즈

sauce framboise

산딸기 소스

여러 디저트에 어울리는 산딸기 소스. 재료를 살짝 익혀서 넣는데, 졸이지 않고 신선함을 남기는 것이 포인트이다. 입안에 부드럽게 남는 산뜻한 신맛이 특징.

재료_ 완성 후 약 400cc

산딸기 퓌레* 290cc

그래뉴당 60g

레몬즙 1/3개 분량

미네랄워터 90cc

옥수수전분 6g

*10% 가당 시판 제품을 사용한다.

만드는 방법

01 옥수수전분에 미네랄워터를 조금 넣어 잘 섞어둔다.

02 냄비에 산딸기 퓌레, 그래뉴당, 레몬즙, 나머지 미네랄워터를 넣고 끓인다. 끓으면 **01**을 넣고 좀 더 끓인다.

03 시누아로 걸러서 식힌다.

용도·보관 피치 멜바(peach melba, 아이스크림 위에 복숭아와 산딸기 소스를 올린 것)나 서양배 무스케이크 등의 소스로 사용한다. 냉장하면 2일 정도 보관 가능.

소스 오 프뤼이 트로피코

sauce aux fruits tropicaux

열대과일 소스

열대과일 소스는 선명한 색과 향이 특징. 과일을 하나가 아니라 여러 종류를 섞어서 이국적인 느낌을 더한다. 더운 여름철에 사용하면 좋은 소스이다.

재료_ 완성 후 약 400cc

파인애플 퓌레* 110g

패션프루트 퓌레* 85g

망고 퓌레* 85g

미네랄워터 85cc

그래뉴당 50g

옥수수전분 6g

* 퓌레는 시판 냉동제품을 사용한다.
제품에 따라 단맛에 차이가 있으므로,
맛을 보고 그래뉴당의 양을 조절한다.

만드는 방법

01 약간의 미네랄워터에 옥수수전분을 푼다.

02 냄비에 파인애플 퓌레, 패션프루트 퓌레, 망고 퓌레, 나머지 미네랄워터, 그래뉴당을 넣어 끓인다.

03 끓으면 미네랄워터에 풀어둔 옥수수전분을 넣어 잘 섞는다.

04 시누아로 걸러서 식힌다.

용도 · 보관 열대과일로 만드는 무스, 바바루아, 아이스크림에 사용한다. 냉장하면 2일간 보관 가능.

소스 아 로랑주

sauce à l'orange

오렌지 소스

만다린(귤) 퓌레 베이스에 신선한 오렌지를 껍질째 넣어서 졸인 달콤쌉쌀한 소스. 물엿을 넣어 잼과 같은 농도로 만든다. 초콜릿 디저트에 사용.

재료_ 완성 후 약 400cc

오렌지 4개
그래뉴당 200g
물엿 160g
만다린 퓌레 300g_ 냉동, 10% 가당
만다린 나폴레옹 60cc _ 오렌지 리큐르

용도·보관 초콜릿 무스나 바바루아, 크레이프의 소스로 사용한다. 4~5일 냉장보관 가능.

만드는 방법

01 오렌지는 통째로 3번 데치고, 4등분하여 2mm 두께로 에맹세한다.

02 다른 냄비에 그래뉴당, 물엿, 만다린 퓌레, **01**의 오렌지를 넣고 끓인다. 끓으면 중불로 줄이고, 거품을 걷으면서 걸쭉해질 때까지 졸인다.

03 식으면 만다린 나폴레옹을 넣어서 섞고 시누아로 거른다.

소스 팡플르무스

sauce pamplemousse

자몽 소스

자몽즙으로 맛을 낸 윤기 있는 소스. 나파주는 가열하지 않기 때문에 강한 단맛에서 자몽의 상큼함이 느껴진다.

재료_ 완성 후 약 400cc

자몽즙 120cc
타히티 바닐라빈 1개
꿀 48g
나파주* 240g_ 투명

*윤기를 주거나 마무리할 때 사용하는 잼모양의 재료. 단맛과 조금 신맛이 있다. 나파주는 끓이지 않기 때문에 과일 그대로의 맛을 느낄 수 있다.

만드는 방법

01 자몽즙은 시누아로 거르고, 바닐라빈은 갈라서 씨를 긁어낸다.

02 자몽즙, 바닐라빈, 꿀, 나파주를 볼에 넣어 섞는다.

용도·보관 감귤류의 무스나 바바루아의 소스로 사용. 풍미가 사라지기 쉬워 보관이 불가능하다. 필요할 때 만들어서 빨리 사용한다.

소스 폼므 베르 오 탱

sauce pomme vert au thym

타임 풍미의 파란사과 소스

파란사과(아오리) 퓌레를 이용한 고운 빛깔의 그린소스. 가열하지 않아서 강판에 간 사과 같은 부드러운 식감이다. 앙쀠제한 타임의 풍미가 상쾌하다.

재료_ 완성 후 약 500cc

그래뉴당 75g

아카시아꿀 17g

미네랄워터 100cc

타임 2g_ 신선한 것

파란사과(아오리) 퓌레* 380g

*프랑스산 냉동 퓌레 사용. 10% 가당.

만드는 방법

01 냄비에 그래뉴당, 꿀, 미네랄워터를 넣고 끓여서 시럽을 만든다.

02 타임을 넣고 그대로 식혀서 향을 우린다.

03 파란사과 퓌레를 넣고 잘 섞는다.

용도·보관 사과로 만든 무스나 바바루아의 소스로 사용한다. 시럽은 냉장하면 4~5일 보관이 가능하다. 그러나 소스는 풍미가 금방 사라지므로 만든 날 모두 사용한다.

소스 다나나 오 바질리크

sauce d'ananas au basilic

바질 풍미의 파인애플 소스

씹을 때 파인애플이 느껴지는 여름용 소스. 바질과 미뇨네트를 넣어 상큼하게 만든다. 파인애플은 잘 걸쭉해지지 않으므로 펙틴을 넣는다.

재료_ 완성 후 약 400cc
파인애플 380g
미네랄워터 70cc
그래뉴당 40g
펙틴 2g
바질 2g
블랙 미뇨네트 조금

만드는 방법

01 파인애플을 130g만 1.5㎝ 크기 주사위모양으로 데(dé)한다. 나머지는 믹서에 퓌레 상태로 간다.

02 펙틴은 그래뉴당과 섞어둔다.

03 냄비에 **01**의 파인애플과 미네랄워터를 넣고 끓인다. 끓으면 **02**의 펙틴과 그래뉴당 섞은 것을 넣고 잘 섞는다.

04 불에서 내려 한 김 식히고, 아셰한 바질과 미뇨네트를 넣어 식힌다.

용도·보관 블랑망제(blanc-manger, 아몬드밀크가 기본이 되는 푸딩)나 바바루아의 소스로 사용한다. 바질과 미뇨네트를 넣기 전이라면 2일간 냉장보관이 가능하다. 그러나 넣은 후에는 만든 날 모두 사용한다.

소스 프랑부아즈페팽

sauce framboise-pépin

프랑부아즈페팽

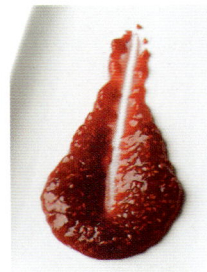

산딸기 씨의 톡톡 터지는 식감이 특징인 소스. 오랫동안 졸여 맛을 농축시키고, 필요할 때 브랜디를 넣어 농도를 조절하며 깊은 풍미를 준다.

재료_ 완성 후 약 400g
산딸기* 400g_ 신선한 것
그래뉴당 230g
물엿 80g
미네랄워터 30cc
펙틴 16g
레몬즙 25cc
브랜디* 적당량_ 산딸기

* 냉동제품도 사용 가능.
* 브랜디는 증류주로, 여기서는 산딸기 브랜디를 사용한다.

만드는 방법

01 펙틴은 그래뉴당 90g을 넣어 잘 섞어둔다.

02 냄비에 나머지 그래뉴당 140g, 물엿, 미네랄워터를 넣고 131℃까지 가열한다.

03 131℃가 되면 산딸기를 넣어 잘 섞고, **01**의 펙틴과 그래뉴당을 넣고 섞으면서 한소끔 끓인다. 냄비를 불에서 내려 한 김 식히고, 레몬즙을 넣는다.

04 사용할 때 산딸기 풍미의 브랜디를 넣는다.

용도·보관 초콜릿 무스, 바바루아, 아이스크림에 사용한다. 4일간 냉장보관 가능.

시로 드 그로제유

sirop de groseille

구스베리 시럽

구스베리를 시럽으로 살짝 끓인 소스. 새콤달콤한 맛과 오렌지껍질의 쌉쌀함이 느껴지는 어른
스러운 맛이다. 여러 디저트의 색과 풍미에 악센트를 준다.

재료_ 완성 후 약 400cc

구스베리* 250g_ 통째로

루비 포트와인 83cc

그래뉴당 200g

미네랄워터 83cc

오렌지껍질* 1/2개 분량

* 구스베리는 냉동제품을 해동하여 사용한다.
* 오렌지껍질은 안쪽의 하얀 부분은 제거하고,
오렌지색 부분만 사용한다.

만드는 방법

01 오렌지껍질을 잘 씻어서 물기를 뺀다.

02 냄비에 구스베리, 포트와인, 그래뉴당, 미네랄워
터, 오렌지껍질을 넣고 끓인다. 끓어서 그래뉴당이 녹
으면 불에서 내린다.

03 시누아로 걸러서 식힌다.

용도·보관 무스나 바바루아의 소스로 사용한다. 냉장
하면 4일 정도 보관 가능.

줄레 아 라니스 에투알레

gelée à l'anis etoilé

아니스 풍미의 줄레

목넘김이 부드러운 줄레는 소스로도 활용할 수 있다. 약간의 감귤 풍미를 더한 연한 시럽에 아니스와 민트 향을 우려냈다. 단맛은 줄이고, 향신료로 상쾌함을 준다.

재료_ 완성 후 약 600g

미네랄워터 470cc

오렌지즙 35cc

레몬즙 35cc

그래뉴당 95g

스타아니스 5g

민트 5g_ 신선한 것

판젤라틴 6g

만드는 방법

01 냄비에 미네랄워터, 오렌지즙, 레몬즙, 그래뉴당을 넣고 끓인다.

02 끓으면 불을 끄고 스타아니스와 민트를 넣은 후 뚜껑을 덮어 5분간 앙퓌제한다.

03 **02**에 물에 불린 판젤라틴을 넣어 섞고, 시누아로 걸러서 트레이 등에 담아 식혀서 굳힌다.

용도·보관 과일 콩포트나 그라니타(granita, 과일에 설탕, 와인 등을 넣어 얼린 이탈리아식 디저트)에 곁들인다. 냉장하면 2일 정도 보관 가능.

줄레 드 망다린

gelée de mandarine 「Saikai」

귤 줄레

과일 줄레는 쓰임새가 많아 여러 모로 중요하다. 응고제로 한천을 사용하면 촉촉하고 목넘김이 부드럽다. 다른 종류의 감귤즙을 사용하여 다양하게 응용한다.

재료_ 완성 후 약 600g

감귤즙* 500cc

타히티 바닐라빈 1/2개

그래뉴당 60g

카라기난* 11g

만다린 나폴레옹 50cc_ 오렌지 리큐르

*귤은 달고 맛이 응축된 것을 사용한다.
여기서는 일본의 「사이카이[西海] 밀감」을 사용하였다.
*카라기난(carrageenan)은 해초로 만든 응고제.
제품에 따라 응고 정도가 다르므로 알맞게 조절한다.

만드는 방법

01 냄비에 준비한 감귤즙 1/3 정도와 껍질 가른 바닐라빈을 넣고 끓인다.

02 그래뉴당과 카라기난을 섞어 **01**에 넣고, 완전히 녹으면 냄비를 불에서 내린다. 나머지 감귤즙과 만다린 나폴레옹을 넣어 섞는다.

03 시누아로 거르고, 트레이 등에 부어 식혀서 굳힌다.

용도·보관 감귤류로 만드는 모든 디저트에 소스로 사용한다. 냉장하면 2일간 보관이 가능하지만, 가능하면 빨리 사용한다.

에스푸마 드 샹파뉴 아 로랑주

espumas de Champagne à l'orange

오렌지 풍미의 샴페인 에스푸마

가스를 충전한 사이펀으로 추출하면 앙글레즈가 폭신하고 가벼운 무스처럼 된다. 입안에서 거품이 사라지는 것과 동시에 샴페인과 오렌지 향이 퍼지는 독특한 소스이다.

재료 _ 완성 후 약 400cc

샴페인   150cc_ 떫은맛

그래뉴당   75g

달걀노른자   4개

생크림   150cc_ 유지방 36%

오렌지즙   90cc

그랑 마르니에   30cc

만드는 방법

01 볼에 그래뉴당과 달걀노른자를 넣고 새하얀 색이 되도록 섞는다.

02 샴페인을 끓여서 **01**에 조금씩 섞어 넣고 냄비에 다시 담아 가열하는데, 섞으면서 약 83℃까지 끓인다. 걸쭉해지면 얼음물에 올려서 한 김 식힌다. 시누아로 거르고, 식으면 앙글레즈 소스를 넣어 섞는다.

03 **02**에 생크림, 오렌지즙, 그랑 마르니에를 넣고 잘 섞어서 완전히 식힌다.

04 사이펀에 **03**을 넣고, 서빙 직전까지 차갑게 둔다. 가스를 충전하여 추출한다.

＊사이펀은 액체에 가스(일산화이질소)를 주입하여 추출하면 무스 상태가 되는 조리도구이다.

용도ㆍ보관 오렌지나 초콜릿으로 만든 디저트에 소스로 사용한다. 풍미가 사라지기 쉬워서 보관은 불가능하다. 필요할 때 만들어서 빨리 모두 사용한다.

에스푸마 드 폼므 오 칼바도스

espumas de pomme au Calvados

칼바도스 풍미의 사과 에스푸마

볼륨감 있는 모습과 달리 매우 가벼운 식감이라 먹는 사람에게 강한 인상을 남긴다. 입에 넣으면 거품이 사르르 녹으면서 칼바도스의 향이 퍼지는 인상적인 소스이다.

재료_ 완성 후 약 400cc

우유 200cc

타히티 바닐라빈 1/2개

달걀노른자 2개

그래뉴당 35g

홍옥 과즙 200cc

생크림 50cc_ 유지방 36%

칼바도스* 50cc

* 칼바도스(Calvados)는
시드르(cidre, 사과로 만든 술)를 증류한 브랜디.
프랑스 노르망디 지방의 특산품이다.

만드는 방법

01 볼에 그래뉴당과 달걀노른자를 넣고 새하얀 색이 되도록 섞는다.

02 우유와 껍질 가른 바닐라빈을 끓여서 **01**의 볼에 조금씩 넣으면서 섞는다.

03 **02**를 냄비에 다시 담고, 섞으면서 약 83℃까지 끓인다. 걸쭉해지면 불에서 내려 시누아로 거르고, 얼음물에 식힌다.

04 **03**에 홍옥 과즙, 생크림, 칼바도스를 넣고 섞은 후완전히 식힌다.

05 **04**를 사이펀에 넣어 서빙 직전까지 차갑게 둔다. 가스를 충전하여 추출한다.

용도·보관 사과로 만든 모든 디저트에 소스로 사용한다. 풍미가 금방 사라지므로 보관은 불가능하다. 필요할 때 만들어서 빨리 사용한다.

소스 오 쇼콜라

sauce au chocolat

초콜릿 소스

다양하게 사용되는 초콜릿 소스는 준비해두면 좋은 아이템이다. 코코아 이외에 커버추어를 사용하여 풍미와 깊은 맛을 살린다. 질 좋은 커버추어를 사용한다.

재료_ 완성 후 약 400cc   커버추어 100g_ 카카오 70%
우유 160cc
생크림 80cc_ 유지방 36%
그래뉴당 140g
코코아 50g

01 냄비에 우유와 생크림을 넣고, 그래뉴당을 1/2만 넣어서 가열하여 녹인다.

02 볼에 나머지 그래뉴당과 코코아를 넣고 실리콘주걱으로 뚝뚝 끊어지는 농도로 섞는다.

03 02의 코코아에 01의 우유와 생크림을 한 번에 넣고 거품기로 섞어서 냄비에 다시 담는다.

04 냄비를 중불에 올려 끓을 때까지 계속 저으면서 끓인다. 이 작업은 커버추어를 녹여서 소스를 걸쭉하게 만드는 것과 살균의 목적이 있다.

05 끓으면 시누아로 거른다.

06 소스 오 쇼콜라 완성. 윤기 있고 부드럽게 만든다. 크레이프, 프로피트롤 (profiterole, 작은 공모양의 슈), 서양배 콩포트 등에 곁들인다. 풍미가 금방 사라지므로 가능하면 만드는 날 모두 사용한다. 2일 정도 냉장보관 가능.

소스 오 쇼콜라 사용

초콜릿 소스를 곁들인
화이트초콜릿 크림

Crème légère de chocolat blanc aux framboises
et à la sauce au chocolat

하얀 돔모양의 부드러운 화이트초콜릿 크림에 소스 오 쇼콜라를 곁들인, 화이트와 블랙의 대비가 훌륭한 디저트이다. 화이트초콜릿 크림은 앙글레즈 소스에 젤라틴과 화이트 커버추어를 넣어서 휘핑한 생크림을 섞어 가벼운 식감으로 만들었다. 돔모양의 틀 안쪽에 이것을 바르고, 자르지 않은 산딸기와 딸기 퓌레로 만든 상큼한 줄레를 넣는다. 산딸기 브랜디와 시럽에 적신 비스퀴 조콩드(스펀지 시트)로 위를 덮고 식혀서 굳힌다. 틀에서 꺼내 표면에 화이트초콜릿을 분사하고, 소스 오 쇼콜라와 함께 접시에 담은 후 나선모양의 흰색과 갈색 초콜릿을 곁들인다. 식사 후에도 부드럽게 먹을 수 있도록 화이트초콜릿 크림이나 소스 오 쇼콜라 모두 매끄럽게 만드는 것이 포인트이다.

소스 오 비네그르 발자미크

sauce au vinaigre balsamique

발사믹 소스

질 좋은 발사믹비네거를 바닐라빈과 같이 졸인 매우 윤기 있는 소스. 진하게 농축된 신맛이 특징이다. 신선한 과일 등의 상큼한 디저트에 곁들인다.

재료_ 완성 후 약 400cc
발사믹비네거* 420cc
타히티 바닐라빈 1개
아카시아꿀 280g

＊발사믹비네거는 장기간 숙성한 좋은 품질을 사용한다.

만드는 방법

01 냄비에 발사믹비네거와 껍질 가른 바닐라빈을 넣고 중불로 가열하여 양을 1/3로 졸인다.

02 불을 끄고 꿀을 넣어서 섞은 후 시누아로 거른다.

용도·보관 신선한 베리류나 바닐라아이스크림에 곁들인다. 또는 가나슈의 맛을 내는 데 사용된다. 4~5일 냉장보관 가능.

소스 오 레 콩당세

sauce au lait condensé

가당연유 소스

가당연유를 사용한, 어딘가 옛스러운 맛의 소스. 휘핑한 생크림으로 가벼운 식감을 주고, 브랜디로 깊은 맛을 준다. 요리를 돋보이게 하는 새하얀 색도 특징.

재료_ 완성 후 약 400cc
가당연유 210g
생크림 210g_ 유지방 36%
산딸기 브랜디* 10cc

＊산딸기 증류주

만드는 방법

01 생크림을 50% 거품을 낸다(거품기로 크림을 들어올렸을 때 흐르는 정도).

02 볼에 가당연유, 생크림, 브랜디를 넣어 섞고, 시누아로 거른다.

용도·보관 신선한 베리류나 무스, 바바루아의 소스로 사용. 필요할 때 만들어서 빨리 모두 사용한다.

콩피튀르 드 레

confiture de lait

밀크잼

우유를 104℃까지 끓여서 농축시킨 소스로 걸쭉하고 부드러운 식감이 특징이다. 부드러운 밀크 맛은 어떤 재료나 디저트와도 잘 어울린다.

재료_ 완성 후 약 400cc

우유 500cc

그래뉴당 375g

타히티 바닐라빈 1/4개

오렌지껍질* 1/4개 분량

쿠앵트로 15cc

* 오렌지껍질은 안쪽의 하얀 부분을 제거하고,
오렌지색 부분만 사용한다.

만드는 방법

01 냄비에 우유, 그래뉴당, 껍질 가른 바닐라빈, 오렌
지껍질을 넣고 끓인다.

02 104℃까지 끓여서 400cc 정도가 되면 시누아로
거르고, 얼음물에 올려 식힌다.

03 식으면 쿠앵트로를 넣어 풍미를 더한다.

용도·보관 신선한 베리류나 각종 무스, 바바루아, 아
이스크림에 곁들인다. 냉장하면 4~5일 보관 가능.

크렘 블랑슈 오 자망드

creme blanche aux amandes

아몬드 풍미의 화이트소스

아몬드에센스의 향이 상큼한 소스. 바닐라빈과 오렌지껍질도 넣어 깊이 있고 고급스런 맛으로 만든다. 옥수수전분을 넣어 진하고 감칠맛 나는 뒷맛의 여운이 오래간다.

재료_ 완성 후 약 400cc

우유 230cc

생크림 200cc_ 유지방 36%

타히티 바닐라빈 1/2개

오렌지껍질* 1/2개 분량

달걀흰자 60g

그래뉴당 60g

옥수수전분 7g

아몬드에센스* 조금

* 오렌지껍질은 안쪽의 하얀 부분을 제거하고,
오렌지색 부분만 사용한다.

* 아몬드에센스는 비터 타입을 사용한다.

만드는 방법

01 냄비에 우유, 생크림, 껍질 가른 바닐라빈, 오렌지껍질을 넣고 끓인다.

02 달걀흰자와 그래뉴당을 볼에 넣어서 섞고(거품은 내지 않는다), 옥수수전분도 넣어 섞는다.

03 01을 02의 볼에 조금씩 넣으면서 섞고, 냄비에 다시 담아 끓인다.

04 끓으면 시누아로 거르고, 아몬드에센스를 넣은 후 식힌다.

용도·보관 살구나 복숭아를 넣은 타르트나 파이의 소스로 사용한다. 풍미가 사라져서 보관이 불가능하다. 필요할 때 만들어서 빨리 모두 사용한다.

수프 드 코코

soupe de coco

코코넛 수프

코코넛 풍미는 블랑망제(blanc-manger, 아몬드밀크가 기본이 되는 푸딩)나 열대과일 디저트와 잘 어울린다. 코코넛은 퓌레를 사용하여 깊은 맛을 낸다. 서빙할 때 거품을 내서 가벼운 식감으로 만든다.

재료_ 완성 후 약 400cc

생크림 110cc_ 유지방 36%

우유 110cc

그래뉴당 25g

코코넛 퓌레* 170g

코코넛 리큐르 7cc

＊프랑스산 냉동 퓌레를 사용한다. 10% 가당.

만드는 방법

01 냄비에 생크림, 우유, 그래뉴당, 코코넛 퓌레를 넣고 끓인다.

02 끓으면 시누아로 걸러서 얼음물에 식힌다. 차가워지면 코코넛 리큐르를 넣어 풍미를 더한다.

03 서빙할 때 핸드믹서로 거품을 낸다.

용도·보관 열대과일 무스나 바바루아의 소스로 사용. 거품을 낸 것은 바로 사용한다.

수프 드 프뤼이

soupe de fruits

과일 수프

과일을 듬뿍 넣은 샐러드나 수프용 시럽. 시나몬이나 바닐라 등의 향신료와 감귤, 민트의 향이 은은하게 느껴진다. 과일맛을 살리기 위해 단맛은 줄인다.

재료_ 완성 후 약 400cc

미네랄워터 400cc
그래뉴당 80g
시나몬스틱 2g
스타아니스 2개
타히티 바닐라빈 1/2개
레몬즙 5cc
오렌지 슬라이스 2장
민트잎 2장_ 신선한 것

만드는 방법

01 냄비에 미네랄워터, 그래뉴당, 시나몬스틱, 스타아니스, 껍질 가른 바닐라빈을 넣고 끓인다.

02 끓으면 불을 끄고 레몬즙, 오렌지 슬라이스, 민트잎을 넣는다. 10분간 그대로 두어 앙퓌제하고, 시누아로 거른다.

용도·보관 과일 수프나 샐러드에 사용한다. 냉장하면 2일간 보관 가능.

수프 드 프뤼이 사용

여름과일 수프와 요구르트 셔벗

Soupe de fruits d'été avec sorbet au yaourt

여러 가지 과일에 수프 드 프뤼이를 부은 개운한 맛의 디저트. 건강한 느낌으로, 식사 후에도 먹기 좋은 레스토랑용 요리이다. 여기서 사용한 과일은 애플망고, 오렌지, 파인애플, 파파야, 멜론, 포도, 산딸기이다. 산딸기는 자르지 않고 그대로 사용하고, 포도는 껍질을 벗긴다. 나머지 과일은 1㎝ 크기의 주사위모양으로 자른다. 자른 과일들은 색을 맞춰서 보기 좋게 접시에 담고, 수프 드 프뤼이를 붓는다. 여기에 상큼한 요구르트 셔벗과 바삭하고 가벼운 식감의 시가레트(cigarette, 쿠키 반죽을 구운 담배모양의 과자)를 곁들인다. 셔벗에는 누아제트 프랄리네(noisette praline, 헤이즐넛에 설탕을 입혀 캐러멜화한 것)를 뿌린다. 과일은 계절에 맞게 다양한 과일들을 섞어서 제철의 맛을 즐기는데, 모두 같은 크기로 자르지 않고 그냥 먹을 수 있는 것은 통째로 넣어 싱싱한 느낌을 준다.

프 로 에   가 까 워 지 는

소스의 기술

펴낸이 유재영 **| 펴낸곳** 그린쿡 **| 지은이** Masaru kamikakimoto **| 옮긴이** 용동희
기 획 이화진 **| 편 집** 김기숙 **| 디자인** 정민애

1판 1쇄 2016년 8월 10일
1판 15쇄 2025년 10월 15일
출판등록 1987년 11월 27일 제10-149
주소 04083 서울 마포구 토정로 53 (합정동)
전화 324-6130, 6131 **팩스** 324-6135

E메일 dhsbook@hanmail.net
홈페이지 www.donghaksa.co.kr
　　　　　www.green-home.co.kr
페이스북 www.facebook.com / greenhomecook
인스타그램 www.instagram.com / __greencook

ISBN 978-89-7190-567-8 13590

• 이 책은 실로 꿰맨 사철제본으로 튼튼합니다.
• 잘못된 책은 구매처에서 교환하시고,
　출판사 교환이 필요할 경우에는 사유를 적어 도서와 함께 위의 주소로 보내주세요.

옮긴이 용동희
다양한 분야를 넘나들며 활동하는 푸드디렉터. 메뉴 개발, 제품 분석, 스타일링 등 활발한 활동을 이어가고 있다.
현재 콘텐츠 그룹 CR403에서 요리와 스토리텔링을 담당하고 있으며, 그린쿡과 함께 일본 요리책을 한국에 소개하는
요리 전문 번역가로도 활동하고 있다.